乡土·建筑

李秋香 主编

郭峪村

李秋香 著

北京出版集团公司
北 京 出 版 社

图书在版编目（CIP）数据

郭峪村 / 李秋香著．— 北京 ：北京出版社，
2020.2
（乡土·建筑 / 李秋香主编）
ISBN 978-7-200-13402-5

Ⅰ．①郭… Ⅱ．①李… Ⅲ．①村落—古建筑—研究—
阳城县 Ⅳ．① TU-092.2

中国版本图书馆 CIP 数据核字（2017）第 269027 号

地图审图号：GS（2019）2290号

责任编辑：王忠波　　责任印制：陈冬梅　　整体设计：苗　洁

乡土·建筑　李秋香主编

郭峪村
GUOYUCUN
李秋香　著

出　　版　北京出版集团公司
　　　　　北京出版社
地　　址　北京北三环中路6号
邮　　编　100120
网　　址　www.bph.com.cn
总 发 行　北京出版集团公司
印　　刷　北京雅昌艺术印刷有限公司
经　　销　新华书店
开　　本　787毫米×1092毫米　1/16
印　　张　16.25
字　　数　140千字
版　　次　2020年2月第1版
印　　次　2020年2月第1次印刷
书　　号　ISBN 978-7-200-13402-5
定　　价　128.00 元

质量监督电话：010-58572393
如有印装质量问题，由本社负责调换

目　录

总序

中国有一个非常漫长的自然农业的历史，中国的农民至今还占着人口的绝大多数。五千年的中华文明，基本上是农业文明。农业文明的基础是乡村的社会生活。在广阔的乡土社会里，以农民为主，加上小手工业者、在乡知识分子和明末清初从农村兴起的各行各业的商人，一起创造了像海洋般深厚瑰丽的乡土文化。庙堂文化、士大夫文化和市井文化，虽然给乡土文化以巨大的影响，但它们的根扎在乡土文化里。比起庙堂文化、士大夫文化和市井文化来，乡土文化是最大多数人创造的文化，为最大多数人服务。它最朴实、最真率、最生活化，因此最富有人情味。乡土文化依赖于土地，是一种地域性文化，它不像庙堂文化、士大夫文化和市井文化那样有强烈的趋同性，它千变万化，更丰富多彩。乡土文化是中华民族文化遗产中至今还没有被充分开发的宝藏，没有乡土文化的中国文化史是残缺不全的，不研究乡土文化就不能真正了解我们这个民族。

乡土建筑是乡土生活的舞台和物质环境，它也是乡土文化最普遍存在的、信息含量最大的组成部分。它的综合度最高，紧密联系着许多其他乡土文化要素或者甚至是它们重要的载体。不研究乡土建筑就不能完整地认识乡土文化。甚至可以说，乡土建筑研究是乡土文化系统研究的基础。

乡土建筑当然也是中国传统建筑最朴实、最真率、最生活化、最富有人情味的一部分。它们不仅有很高的历史文化的认识价值，对建筑工作者来说，还可能有一些直接的借鉴价值。没有乡土建筑的中国建筑史也是残缺不全的。

但是，乡土建筑优秀遗产的价值远远没有被正确而充分地认识。

一个物种的灭绝是巨大的损失，一种文化的灭绝岂不是更大的损失？大熊猫、金丝猴的保护已经是全人类关注的大事，乡土建筑却在以极快的速度、极大的规模被愚昧而专横地破坏着，我们正无可奈何地失去它们。

我们无力回天。但我们决心用全部的精力立即抢救性地做些乡土建筑的研究工作。

我们的乡土建筑研究从聚落下手。这是因为，绝大多数的乡民生活在特定的封建家长制的社区中，所以，乡土建筑的基本存在方式是形成聚落。和乡民们社会生活的各个侧面相对应，作为它们的物质条件，乡土建筑包含着许多种类，有居住建筑，有礼制建筑，有崇祀建筑，有商业建筑，有公益建筑，也有文教建筑，等等。每一种建筑都是一个系统。例如宗庙，有总祠、房祠、支祠、香火堂和祖屋；例如文教建筑，有家塾、义塾、私塾、书院、文馆、文庙、文昌（奎星）阁、文峰塔、文笔、进士牌楼，等等。这些建筑系统在聚落中形成一个有机的大系统，这个大系统规定着聚落的结构，使它成为功能完备的整体，满足一定社会历史条件下乡民们物质的、文化的和精神的生活需求，以及社会的制度性需求。打个比方，聚落好像物质的分子，分子是具备了某种物质的全部性质的最小的单元，聚落是社会的这种最小单元。而个体建筑则是构成聚落的原子。个体建筑只有形成聚落才能充分获得它们的意义和价值。聚落失去了个体建筑便不能形成功能和形态齐全的整体。我们因此以完整的聚落作为研究乡土建筑的对象。

乡土生活赋予乡土建筑丰富的文化内涵，我们力求把乡土建筑与乡土生活联系起来研究，因此便是把乡土建筑当作乡土文化的基本部分来研究。聚落的建筑大系统是一个有机整体，我们力求把研究的重点放在聚落的整体上，放在各种建筑与整体的关系以及它们之间的相互关系上，放在聚落整体以及它的各个部分与自然环境和历史环境的关系上。乡土文化不是孤立的，它是庙堂文化、士大夫文化、市井文化的共同基础，和它们都有千丝万缕的关系。乡土生活也不是完全封闭的，它和一个时代整个社会的各个生活领域也都有千丝万缕的关系。我们力求在这些关系中研究乡土建筑。例如明代初年“九边”的乡土建筑随军事形势的张弛而变化，例如江南和晋中的乡土建筑在明代末年随着商品经济的发展所发生的变化历历可见，等等。聚落是在一个比较长的时期里定型的，这个定型过程蕴含着丰富的历史文化内容，我们也希望有足够的资料可以让我们对聚落做动态的研究。总之，我们的研究方法综合了建筑学的、历史学的、民俗学的、社会学的、文化人类学的各种方法。方法的综合性是由乡土固有的复杂性和外部联系的多方位性决定的。

从一个系列化的研究来说，我们希望选作研究课题的聚落在各个层次上都有类型性的变化：有纯农业村，有从农业向商业、手工业转化的村；有窑洞村，有雕梁画栋的村；有山村，有海滨村；有马头墙参差的，也有吊脚楼错落的，还有不同地区不同民族的，等等。这样才能一步步接近中国乡土建筑的全貌，虽然这个路程非常漫长。在区分乡土聚落在各个层次上的类别和选择典型的时候，我们使用了细致的比较法。就是要找出各个聚落的特征性因子，这些因子相互之间要有可比性，要在聚落内部有本质性，要在类型之间或类型内部有普遍性。

因为我们的研究是抢救性的，所以我们不选已经闻名天下的聚落作研究课题，而去发掘一些默默无闻但很有价值的聚落。这样的选题很难：聚落要发育得成熟一些，建筑类型比较完全，建筑质量好，有家谱、碑铭之类的文献资料。当然聚落还得保存得相当完整，老的没有太大的损坏，新的又没有太多。但是，近半个世纪来许多极精致的或者极具典型性的村子都已经被破坏，而且我们选择的自由度很小，有经费原因，有交通原因，甚至还会遇到一些有意的阻挠。我们只能尽心竭力而已。

因为是丛书，我们尽量避免各

本之间的重复，很注意每本的特色。特色主要来自聚落本身，在选题的时候，我们加意留心它们的特色，在研究过程中，我们再加深发掘。其次来自我们的写法，不仅尽可能选取不同的角度和重点，甚至变换文字的体裁风格。有些一般性的概括，我们放在某一本书里，其他几本里就不再反复多写。至于究竟在哪一本书里写，还要看各种条件。条件之一，虽然并不是主要条件，便是篇幅。有一些已经屡屡见于过去的民居调查报告或者研究论文里的描述、分析、议论，例如“因地制宜”“就地取材”之类，大多读者早就很熟悉，我们便不再啰唆。我们追求的是写出每个聚落的特殊性，而不是去把它纳入一般化的模子里。只有写题材的特殊性，才能多少写出一点点中国乡土建筑的丰富性和多样性。所以，挖掘题材的特殊性，是我们着手研究的切入点，必须下比较大的功夫。类型性特殊性和个体性特殊性的挖掘，也都要靠细致运用比较的方法。

这套丛书里每一本的写作时间都很短，因为我们不敢在一个题材里多耽搁，怕的是这里花工夫精雕细刻，那里已拆毁了多少个极有价值的村子。为了和拆毁比速度，我们只好贪快贪多，抢一个是一个，好在调查研究永远只能嫌少而不会嫌多。工作有点浅简，但我们还是认真地做了工作的，我们决不草率从事。

虽然我们只能从汪洋大海中取得小小一勺水，这勺水毕竟带着海洋的全部滋味。希望我们的这套丛书能够引起读者们对乡土建筑的兴趣，有更多的人乐于也来研究它们，进而能有选择地保护其中最有价值的一部分，使它们免于彻底干净地毁灭。

陈志华　2005年12月2日

引 子

1999年3月，我们应山西省阳城县郭峪村村委会的邀请，到郭峪村去做了乡土建筑的研究。

山西省古建筑遗存丰富，居全国第一。唐、宋、辽、金、元、明、清各代遗物不断，是一座极珍贵的文物宝库。关于这个宝库，世人最初所知偏于宗教建筑，如山西的忻州、大同、朔州、太原、临汾等地的佛教寺庙、石窟和塔，以及永济的道观；它们的历史艺术价值之高，在国内很难找到可以匹敌的。后来，明清两代晋商的豪宅，如太谷、祁县、平遥、灵石等地的“大院”，还有商号林立的城市，慢慢被人认识了。这些“大院”和市街因为贴近世俗生活，全面地记录了中国经济发展中很辉煌的一个章节，引起中外各阶层人们更大的兴趣。但山西省古建筑的蕴藏远远不止这些，它还有大量奇瑰多彩的设防的和不设防的村落。这些村落不但是更广阔的乡土生活的舞台和更基层的乡土文化的载体，也见证了我们民族很特殊的一页历史。它们本身精妙的艺术成就闪耀着地方工匠的独创性和人们对生活的热爱。可惜，这些大大小小的村落到目前还没有得到足够的重视。知道的人不多，研究者更少，认真的保护就更谈不上了。

1997年深秋，我们到阳城去了一趟，本来是为润城镇的砥洎城（村）去的，县博物馆的负责人又热情地带我们到了北留镇的黄城村（即今皇城村）和郭峪村。这三个村子大大开阔了我们的眼界，很使我们兴奋。它们的规划严整，建筑类型多，

大南瓜不仅色彩鲜亮，还绵甜可口　李秋香摄

（左图）郭峪村村东的樊山上建有文昌阁及文峰塔，后遭毁坏。这是 20 世纪 90 年代末重新复建的文峰塔　林安权摄

郭峪村周边山上有不少柿子树。柿子果实个头不大，很骨力，称为高桩柿子，秋季柿子成熟时，红红的像一个个小灯笼挂在枝头，很是亮眼。柿子可鲜吃，也可酿酒、做醋，或晒成柿饼 李秋香摄

山西大枣有名。郭峪村家家都有枣树，干鲜可食，被称为“木本粮食” 李秋香摄

质量高，特点很鲜明，它们都有很值得自豪的经济史和文化史。在明末崇祯年间，为抵御陕北农民军，当地村民建造了坚固的堡墙、硐楼和带瓮城的堡门。如今，虽然它们已经遭到严重的破坏和改动，但依然有很高的历史价值。这样的宝藏居然还默默无闻，我们做乡土建筑研究的，真是惭愧。或许，如果我们早几年发现它们，它们还可能保存得完整一些。

于是，我们有了去做一个研究课题的愿望。正好，郭峪村具有远见的领导人也希望我们去做研究工作。使我们吃惊的，他们竟在1995年5月已经自费出版了一册有200多页的《郭峪村志》。这在全国也许是首创。因此我们相信他们一定是最好的合作伙伴，就决定去做郭峪村的乡土建筑研究。

郭峪村位于山西省阳城县县治以东一条南北走向的山谷之中。谷中有一条樊溪河。郭峪村的主体在河的西岸，东岸的侍郎寨和黑沙坡也是郭峪村的一部分。距它们的北面半公里路，有一个黄城村，在1917年之前也属于郭峪村。清康

山楂树，郭峪村很多，山上、沟里处处能看到，地场大一点的农家院里都会种上一两棵。秋天红红的果子点缀在绿叶间，整个院子显得格外的富有生机。山楂是水果，又可入药，它的果实多而密　林安权摄

农家院里、楼阁上晒满了金黄的玉米，人们享受着丰收的喜悦，收获的季节是农人们最开怀的日子　林安权摄

收获的季节给每个院落披上了斑斓的色彩，更带来了生活的希望　林安权摄

熙年间文渊阁大学士兼吏部尚书、《康熙字典》总裁官黄城村人陈廷敬在《义冢碑记》[1]里说："吾所居镇曰郭谷者，连四五村，居人逾千家，皆在回峰断岭、长溪荒谷之间。"

直到现在，这些村子的住户依旧保持着亲密的血缘、戚属关系或兄弟般的情谊。

阳城在晋东南。山西人有谣谚说："欢欢喜喜汾河湾，凑凑付付晋东南，哭哭啼啼吕梁山，死也不出雁门关。"晋东南虽然赶不上汾河湾那么富裕，倒也不是凑凑付付。它邻近晋南，晋南曾是中华民族的摇篮。尧都平阳、舜都蒲坂、禹都安邑，都在这一带，原因之一是解州盛产池盐。商汤也常来这里活动。后来晋东南曾经有相当发达的商业和手工业，产煤产铁，冶炼业远近闻名。这里的商人是明清两代著名的晋商中的一支，叫作阳城帮。晋东南的文化水平也很高，科举成就甚至超过汾河湾的晋中一带，明末清初，名宦辈出。阳城自古也是兵家必争之地，战略地位十分重要。

① 见《郭峪村志》。

它在黄河北岸，越王屋山隔岸便是豫北，那里有仰韶、渑池、洛阳、郑州、偃师、开封这些古代文明和政治中心。那是古中国的心脏地带。阳城既是中原汉族北抗少数民族入侵的屏障，也是北方少数民族南下的前哨阵地。

以煤铁为支柱的工商业经济，杰出的文化科举成就和重要的军事地位，这三者交织在郭峪村的历史里，形成了郭峪村的规划和建筑的特色。郭峪村始建于唐，战乱和煤铁经营使它成为一个杂姓村，并且比较富裕。明末清初，它的商业经济、文化和科第仕途到了高潮时期，建造了一批质量相当好的官宦和商人的住宅，以及许多宗教和公共文化建筑。村子周围的山岭河谷点缀着一批寺庙佛塔。为了抵抗李自成的农民军，经官宦倡导，大商人捐助，明崇祯年间，村民筑起了坚固的防御工程，先后把河东的侍郎寨和河西的村子主体分别用十余米高的砖墙团团围住，村子从此得名为郭峪村城。

完整的村落，发达的建筑系统，丰富的历史文化内涵，使郭峪

村成为一个很好的乡土建筑研究课题。但一着手工作，我们发觉，郭峪村历史的文字资料缺失太多。据我们的经验，南方村落的史料靠宗谱，北方村落的史料靠碑记。郭峪村曾经有过200多块碑，可惜近几十年陆续毁损，只剩下了不到20块，而且不是铺了地面便是垒了台阶，多年的践踏，已经字迹模糊。从残存的碑上可以看出，它们的记事涉及面很广，非常详尽，如果全部保留下来，它们是中国乡土史极珍贵的资料，也是我们做乡土建筑研究的极重要依据。但现在所剩不多的断碑残片，让我们的研究工作出现了不小的困难。过去大量的宗教和文化公共建筑也只剩下一座汤帝庙勉勉强强地存在着，又不免使我们的研究大为逊色。这都是无可奈何的现实，我们只能在有限的现实条件下，尽可能地收集历史信息，完成研究工作。

李秋香　1998年

第一章 | 阳城寻古

一、樊山之阳故事多

山西省因位于太行山的西侧而得名。阳城县偏处山西的东南，正好在太行山脉的南端，清同治《阳城县志》载："太行脉尽为阳城。"夹注中又引前府志说阳城"当太行之腹，省会之南，包搴群山，襟带众水"。阳城的左手牵着太行山，它的右手又拉上了山西省中部另一座南北走向的太岳山脉。在这两山南端衔接处不远，又一座东西走向的山脉——中条山沿着黄河蜿蜒而来，这三座山脉围拢在阳城的北侧和西侧，使这里成为从深山区进入浅山区的过渡带。由于地形复杂，浅山区周缘形成许多林菁丛茂的峰峦，将阳城环抱在中间。阳城的北侧有著名的崦山；西南有云蒙山、析城山、小尖山、蟒山；南侧有鳌背山、王屋山等。再向南便到了黄河岸边，浅山区过渡到了平原地带。在群山之中，有一条从北向南的沁河（亦称"沁水"）穿过县境。它发源于太岳山中，是县境中最长且最重要的一条河。民国二十三年《山西省阳城县乡土志》载："沁水之水，沁源发源，历岳阳、沁水而至屯城。其入也，自县之东北，经润城、沁渡，而至磨滩。其出也，在境之东南至于济源，入于黄河。"夹注："约

阳城县境图　清光绪《阳城县志》载　审图号：GS（2019）2290 号

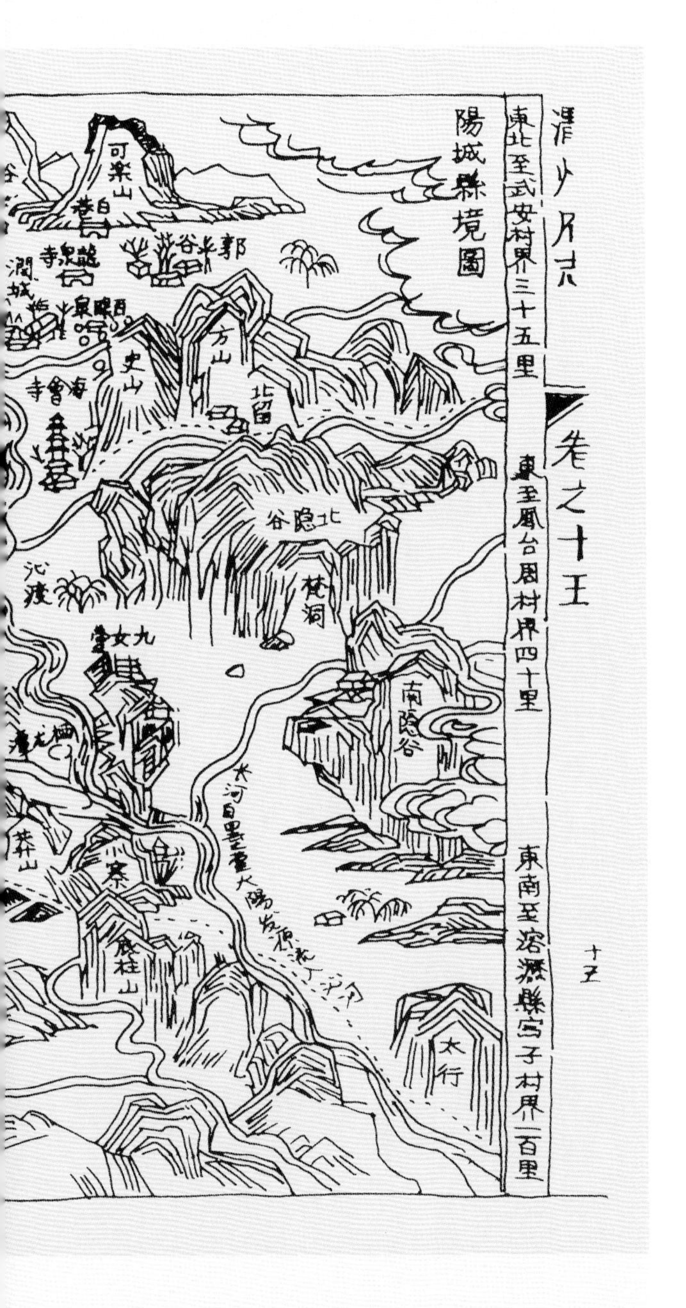

行境内百一十里，此水之源委皆在外境者。”

沁河奔流的途中，有众多支流汇入，其中有一条“源出史山，曰史山水，会郭谷、三庄诸水西流，至润城入沁河中”（《山西省阳城县乡土志》）。从郭谷汇入史山水的小支流，叫樊溪河。郭峪村即在樊溪的中游。另一条支流是发源于中条山的泽河，从西向东经过阳城县城流入沁河。阳城在沁河的西岸。清同治《阳城县志》载：“崦山耸后，析城拱前，沁水绕左，蟹山雄右，冈陇之势四面浑成，形胜之奇一方巨镇。”

沁河长百里，灵气钟阳城，自古人杰地灵，掌故颇多。相传在很久以前，太行、太岳、中条三座大山在阳城缠结为一体，从中条山发源的濩泽河无路可走，只好回旋在阳城附近的洼地之中，形成大片湖泽，给居住在周围的百姓造成很大不便，又常因雨季湖泽泛滥，老百姓深受其苦。后来大禹到这里，用神斧劈开石门，泽中之水从石门涌泻而下，阳城才从此得见天日，所以人们将这里命名为“濩泽县”，后又改称“泽州”。直到现在，阳城仍流传两句话：“人留姓名草留根，大禹神斧劈石门。”早在大禹之前，尧、舜就在阳城留名。《二十四孝》中的第一个故事“舜耕历山”，讲的是尧王东坪选舜王的掌故。历山就在阳城西侧，属太岳山的支脉。更早，有嫘祖养蚕石花洞的故事。石花洞在阳城西南的云蒙山中，云蒙山属中条山的余脉。传说，嫘祖教人养蚕之后，阳城四处的山上都种满了桑树，男耕女织的农家生活就从这里开始。

据《山西省阳城县乡土志》载：“古称濩泽，今曰阳城，夏禹弼畿甸。”原注“属禹贡冀州之域，析城、王屋并在境内”，说明阳城曾是夏朝属地范围。

中华民族最重要的祖脉之一——商族，早期就在晋南一带。据《竹书纪年》载：“汤二十四年大旱，王祷于桑林，雨。”阳城县西南35公里处的析城山上有相传汤王祷雨遗迹，被人称为“圣王坪”。《穆天子传》载，春秋战国时期，“周穆王曾休濩泽”。又《山西省阳城县乡土志》引《国语》：“晋世子败狄稷桑”，可见山西南部阳城一带曾是中华文明发祥地之一。

二、关隘要道

明末清初人延嵩寿在《山西形胜险要今古异同论》中载：“山西于古为晋，东枕太行，西带黄河，南通孟津，而析城、王屋皆隘阻，北控沙漠，而雁门、三关皆藩篱。”阳城就在析城、王屋之间，只有一条重要的陆路穿过隘阻，即从阳城经润城或北留镇，到晋城再直趋中原。沁河中游以下便可通舟楫，因此沁河成为从阳城南下黄河到达中原的重要水道。从阳城到润城或北留，均要由西向东渡过沁水河，渡口就在润城镇下游三公里处，称为“河头堡”。这里河道较

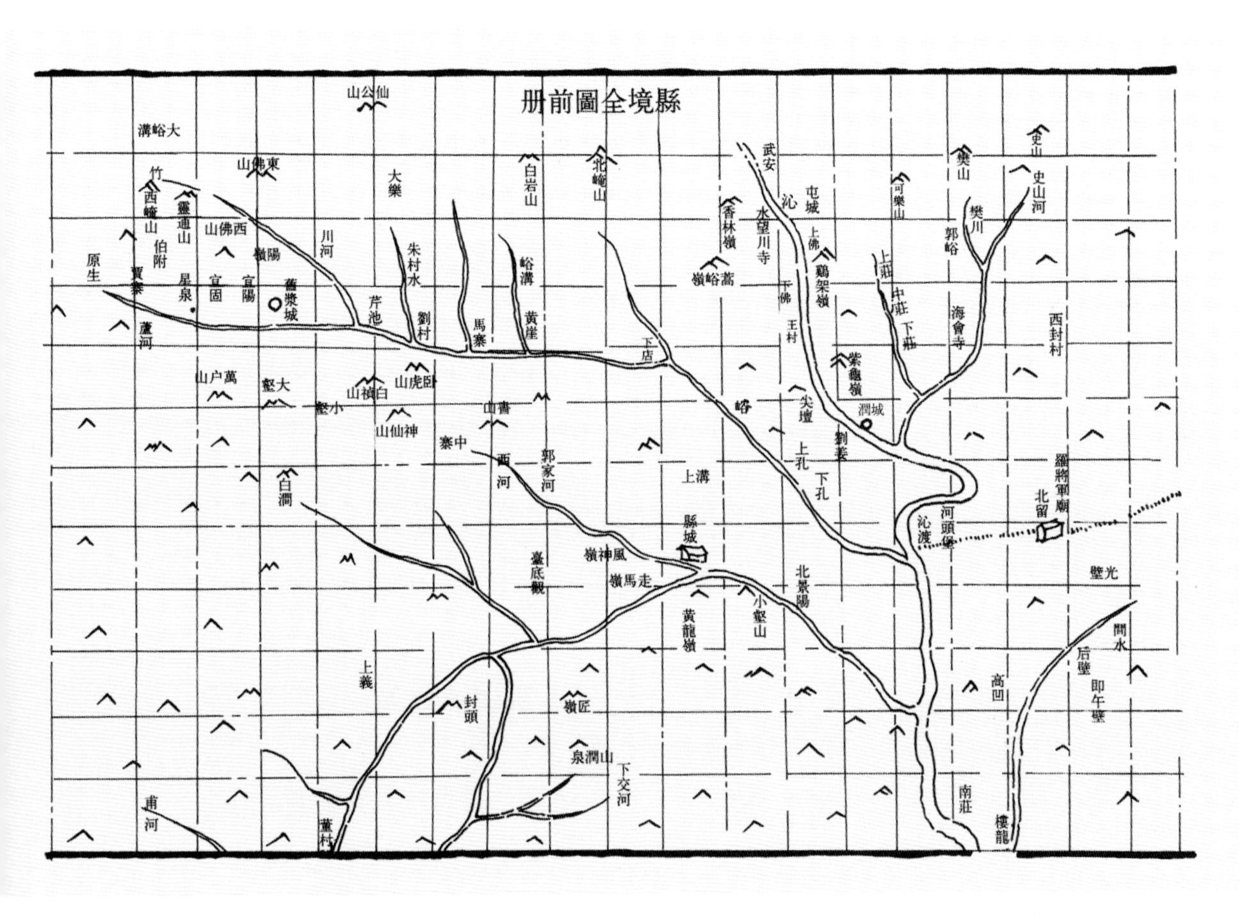

清同治《阳城县志·县境全图前册》 审图号：GS（2019）2290号

窄，河畔两山对峙，岸石陡峭。一旦渡过河头堡，一路经晋城入河南就无太大的障碍了。正由于阳城地理位置的重要，自古扰乱中原的北方少数民族多从阳城穿过，因此要保护中原的平安，阳城就成了重要的前哨了。

阳城最早有关战争的故事，应推鬼谷子云蒙山研兵。传说，战国时最著名的战略家——自称“鬼谷先生”的王诩曾在阳城县境西北部的云蒙山精研兵法，著书立说，招收弟子，教授韬略，培养了一批上将之才，苏秦、张仪、孙膑、庞涓等都是他的弟子。汉高祖手下的大将韩信率兵挺进中原，也是从阳城的大岭头上出发，至今在大岭头上仍有一个终年清水汩汩的韩王池。以后，王莽夺汉、唐王李渊起兵太原，也都是先取阳城，再行入关。宋元之际，阳城虽无大战，却是兵马交通要道。北宋徽宗皇帝破天荒地封阳城上头村一个民间兽医常顺为“广禅侯”。元朝太宗皇帝又敕令为常顺建“水草庙”，树碑立传。至今，每年清明节和七月初七，阳城地方百姓还到水草庙祭祀广禅侯。宋元两代皇帝对一个阳城民间兽医如此推崇，就是因为他在宋军征战时，为大军医治军马有功。南宋端平元年（1234年，金天兴三年），元太宗联宋灭金。翌年，元太宗微服私访于太行，获知当年常顺以其高超的医术治好宋军战马之事，深受感动。也许是由于草原民族对战马特有的关心和爱护心理，元太宗特颁发圣旨，为常顺建庙、塑像，春秋两祭。那时，常顺已去世近百年了。

阳城关于战乱记载最多的是明末，农民起义军李自成及老十三营王嘉胤部，不但在云蒙山中建立根据地，而且多次进兵阳城，与官军血战。明崇祯十二年（1639年）末，义军攻克阳城后，立即挥师南下，挺进中原。

可以说，阳城因其特殊的地理位置，从古至今，几乎每朝每代都有大战，真正是兵家必争之地。

三、煤铁硫黄之乡

清同治《阳城县志》载，阳城“土地硗确，坡坂崎岖，山谷深峻，林菁丛茂”；又载：“阳城山县，僻处陬隅之所，生既无珍异奇瑰足号于天下，且地多高岩深谷，少平畴沃野以资播艺，即稼穑之利民犹难之。若其布帛财贿，宾客饮食所供，多仰于外来。”阳城的农业一直十分艰辛，明清两朝，粮食总是依赖外地。

所幸阳城的煤铁资源十分

丰富，以至冶铁业发达。鲁迅、顾琅合著的《中国矿产志》载："本省（山西）铁矿以平定州盂县及自潞安州至泽州阳城者最著，其开采似始于二千五百年前，迄唐弥盛。"据岑仲勉著《隋唐史》载，阳城为当时全国95个有铁矿州县之一，为河东道14个产铁州县之一。由于产铁，特别是可以制造兵器的优质铁，使得历朝历代对阳城都格外重视，直到明朝以前，阳城的铁矿及铁冶所均在官兵的严密控制之下。

到了明代，国家对铁的需求大幅增长，而官方经营的铁冶所因管理不善，产量下降，遂进行改革，变官营为民营。《明太祖实录》卷一七六载，洪武二十八年（1395年）"诏罢各处铁冶，令民得自采炼，而岁输课程，每三十分取其二"。从此，民营铁冶在山西日益发展起来，阳城、太原、平遥、盂县、交城、安邑、大同等地均出现了民营铁冶。明成化《山西通志》载，铁"唯阳城尤广"；又在《打铁花行》中说，"并州产铁人所知，吾州产铁贱于泥"：可见产铁之富。当时，润城镇东北两公里的黑松沟居民因冶铁致富，砍光沟底的松树修房建屋，使原来沟内的上庄、中庄、下庄三个村庄连成一片，于是改称黑松沟为"白巷里"。这里白天只见冶铸炉烟弥天，夜间沟内火明如昼，因此人们又称这沟为"火龙沟"。民国二十三年《山西省阳城县乡土志》载，"明正德七年，霸州贼刘六、刘七至阳城东白巷里等村，村多业冶，乃以大铁锅塞衢巷，登屋用瓦击之，贼被创引去"，可见白巷里产铁之盛。白巷里离郭峪村很近，仅隔一座岭，上、中、下三庄位于岭西侧，此岭因而得名为"庄岭"。从上、中、下三庄到郭峪村仅四公里的山路。此时的郭峪村虽还未形成如火龙沟那样的气势，却也建起了冶铁炉。

随着民营铁冶的发展，阳城的铁产量大幅度上升。早在明天顺年间（1457—1464年），阳城“每年课铁不下五六十万斤”①。按上述明代铁课“每三十分取其二”的税率计算，则阳城县年产铁750万—900万斤。明洪武初年，阳城全县生铁产量为115万斤②，居全国各省铁产量第五位。天顺年间铁的产量比洪武初年提高了七八倍，居全国第一。成化年间铁产量更胜一筹③。铁业的发展，使打铁花很快成了阳城一带庆典活动最常用的民

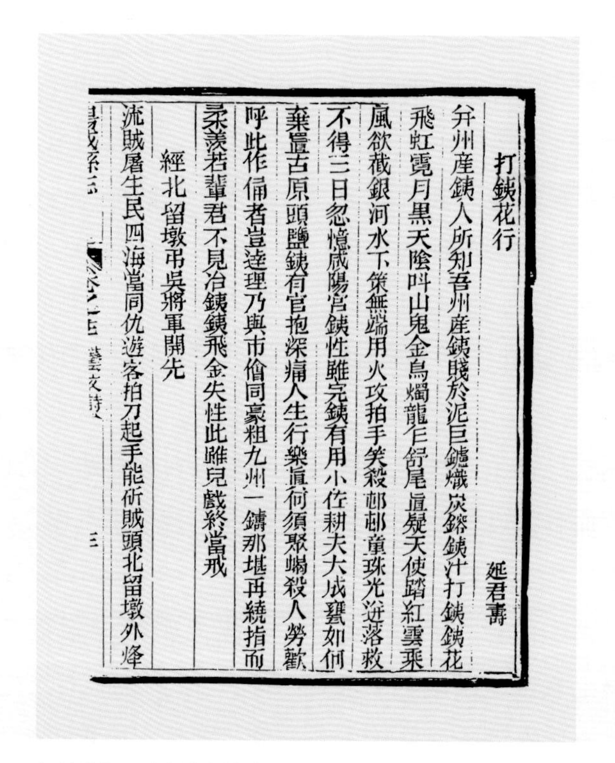
打鐵花行　延君壽

并州產鐵人所知吾州產鐵賤於泥巨爐熾炭鎔鐵汁打鐵鐵花飛虹霓月黑天陰呼山鬼金烏燭龍乍舒尾直疑天使踏紅雲乘風欲截銀河水下策無端用火攻拍手笑殺邨邨童珠光迸落救不得三日忽憶咸陽宮鐵性雖完鐵有用小佐耕夫大成甕如何棄置古原頭鹽鐵有官抱深痛人生行樂直何須聚蝎殺人勞歡呼此作倆者豈達理乃與市儈同豪粗九州一鑄那堪再繞指而柔羨若輩君不見冶鐵鐵飛金失性此雖兒戲終當戒

經北留墩弔吳將軍開先

流賊屠生民四海當同仇遊客拍刀起手能斫賊頭北留墩外烽

打铁花行，采自清光绪《阳城县志》

① 《明英宗实录》卷三二九，天顺五年六月。

② 《明会典》卷一九四。

③ 至今在阳城的乡村中，人们不少日常生活用具依旧为铁制品，铁锅、铁笼屉、铁锅盖、铁水壶、铁油灯、铁油瓶，还有用来压婴儿被角的铁娃娃。一家还在使用的铁水壶，底径18厘米，上径15.5厘米，壶身高17厘米，重量达4300克。一个透空的铁笼屉，直径45厘米，重3100克。

郭峪村残留着一些当时炼铁用的坩埚。铁炼过后，坩埚废弃了，百姓就用来建房或砌墙，很牢固　林安权摄

俗。每逢年节，当铁水被抛向夜空，瞬间形成光芒四射的铁花，如“飞虹霓月”绚烂无比。但后因铁花屡屡伤及仰头观望的孩童眼睛，终被戒禁。河北蔚县，曾属山西大同郡，至今还保留着打铁花的习俗。

阳城不但当时产铁量为全国第一，铁制品也质优价廉，其所产铁犁，被农民誉为“翻地虎”。因为它耐磨、不粘泥、使用省力，被黄河流域的农民爱之如宝。《阳城县手工业志》载：“阳城犁镜过去曾行销全国30多个省、区，并一度销往朝鲜、不丹、尼泊尔、印度、日本、菲律宾等地，最高年产量达70万件。”阳城人世代客居外地专门推销铁货的很多，以李、杨、曹、徐诸氏为大户，活跃在豫、青、鲁、察、鄂等地。李思孝在开封、周口、亳州、曹州开设铺户，有资产银几十万两①。晋商中的阳城帮便从贩铁货开始。

明清两代，阳城除炼铁业和铁制品领先全国外，还有三大重要产品。一是硫黄。早在唐代，阳城就开始炼制硫黄，李白

① 王化《明清阳城商业》未刊稿，转引自张正明著《晋商兴衰史》（山西古籍出版社1995年版）。

这个铸铁娃娃是用来压婴儿被角的，得有点分量才行　李秋香摄

在《寄王屋山人孟大融》的诗中写道："所期就金液，飞步登云车。"金液就是硫黄，而王屋山就在阳城县的南部。火药被广泛用于战争之后，硫黄是重要的战略物资，明洪武四年（1371年）县署内即设有磺库，在主产区白桑一带，设有硫黄冶炼厂。阳城的硫黄质量很好，有"昆仑黄"之称，明清之际，除上缴给国库外，还是阳城重要的外销资源。郭峪村东门里有硝房，制造火药，销往邻村用于开矿。阳城的另一特产是琉璃。琉璃是用来制造古代宫殿、皇亲贵族府邸以及庙宇、道观等高档建筑重要构件和装饰物的原材料之一；除用于建筑外，琉璃还可用来制作大量工艺品。北京故宫的琉璃狮子和十三陵殿堂的屋瓦脊饰都是阳城的制品。所以，阳城琉璃在山西乃至全国都很著名。三是煤炭。阳城的煤炭采掘业在山西全省不算突出，但由于煤层浅，煤质好，因此开采的历史很早。明清时期，北京的官家都爱用阳城煤，因其无烟无臭，素称"香煤净炭"，运销的范围很广，甚至远达欧洲。

村子周边有史山、马尾沟等多个煤矿。煤块除了用来烧炭炼铁，有时还用来砌围墙，栏猪圈　李秋香摄

郭峪村除了农用的铁锅、铁铲、铁锄、铁犁等，日常生活所用器物，如铁壶、铁灯盏、铁油瓶也都用铸铁制品。一个灯盏二三斤，一只水壶三四斤　李秋香摄

明代以后，朝廷为供应边饷军需，实行“开中制”，进一步刺激商业的发展，阳城很多村子的男人十之三四常年在外贩运。由于沁河中下游可行舟，加之有从阳城通向河南的太行孔道，渐渐形成一支支商队。这些商队多为家族和姻亲式，他们信誉好，业务熟，活跃在南来北往的商路上。

阳城商人以贩运为主，对资本的需求量不大，因此资本积累的速度也较慢。相对于以后崛起的山西金融业，阳城的行商渐渐落伍。但近代山西钱庄票号纷纷倒闭之际，阳城的贩运业受打击也最小，一直活跃到民国年间。据民国年间的统计，润城下庄600多人口中，在外经商的有116人。民国二十年（1931年），中庄全村360户人家，就有259户，即2／3的人家靠在外经商养家。而距上、中、下三庄仅4公里的郭峪村，民国时全村近200户，几乎每户均有在外经商贩运的人。

四、人文蔚起

经济的繁荣，促进了阳城文化事业的发展，到明清之际达到高峰。清同治《阳城县志》称“阳城地虽褊小，亦旧为人文渊薮”。据统计，阳城历史上曾有123名进士（其中武进士3人），名列山西各县前三名之内；而明清两代有63名进士，为山西全省之冠，其中郭峪村竟出了6名，邻近的黄城村9名。明代末年，郭峪村有张好古一门三进士，张鹏云一家“兄弟祖孙科甲”。

科举成就和教育的普及有很大关系。明代阳城城镇及较大村落，一般都建有书院，商贾大宅都有书厅。在私塾中出现了一些很有成就的先生。阳城县城关大道旁矗立着两座木牌楼，一书“九凤朝阳”，一书“十凤齐鸣”。这两座牌楼记叙了一位先生的十名弟子同榜高中进士的佳话。清顺治丙戌年（1646年），这位老师带十名弟子赴京赶考，考罢回到会馆，学生一一向老师背诵了自己所作的文章。老师听完，认为都作得很好，尤以田六善写得最好。谁知到放榜，除田六善外，其他九人均高中进士。这九人荣归故里后，阳城士绅欣喜若狂，集资修建了“九凤朝阳”牌楼。田六善虽未考中，但老师相信这位学子的能力，嘱他留京等待消息。果然半月之后，主考大人赴会馆通知他，皇帝要亲自召见。原来，丙戌科进士开考之前，皇帝下诏：所有考生，凡文词陈腐蹈袭者一律不取；凡胸怀良策，笔底生辉者必取；凡志向凌云，见解非凡者，暂不列榜，待皇帝殿试后，再另行出榜公布，直接委以重任。田六善正在几位等候殿试的人之中。

由于老师事前已有嘱托，田六善见到顺治皇帝一点也不慌乱，应答如流。顺治见田六善才思敏捷，却持重稳妥，当即委田六善为吏部侍郎（正二品）。消息报到阳城，再次掀起轩然大波，士绅们立即又集资，在“九凤朝阳”牌楼对面建起另一座牌楼，上书“十凤齐鸣”。可惜，这位才智超群的老师，却在闻知喜讯时大醉不醒，只为后人留下了阳城地杰人灵的一段佳话。这次“十凤齐鸣”中，就有一位来自郭峪村的张尔素，后任刑部左侍郎[①]。顺治八年（1651年），郭峪村的张于廷及郭峪村相邻的黄城村人陈元，与县内其他八人同榜中举，被县人誉为“十凤重鸣”。到顺治十六年（1659年），郭峪村人张于廷、张拱辰及黄城村人陈元同时中进士，又一次轰动阳城，使郭峪村、黄城村名声大震。

田六善参加殿试很可能只是一个故事，但阳城在明清两代出了很多高官，确是史实。陈廷敬写道，郭峪村里“自前明至今，（清康熙年间）官侍郎、巡抚、

---

① 张尔素，字赉白，郭峪村人。明崇祯丙子（1636）举人，清顺治丙戌（1646）进士。任通奉大夫刑部右侍郎加一级，前左春坊左谕德，兼为翰林秘书院修撰。后任刑部左侍郎。

翰林、台省、监司、守令者，尝相续不绝于时，盖近二百年所矣”（《故永从令张君行谷墓志铭》[1]）。其中最著名的有三位，即王国光、田从典、陈廷敬，都为正一品。更可贵的是，这三位不但居官清廉，而且对国家民族多有贡献。

王国光（1512—1594年），字汝观，号疏庵，阳城县润城镇上庄人，明嘉靖二十三年（1544年）甲辰科进士，先后任吴江和仪封（今河南兰考县）知县，后依次升兵部、户部右侍郎总督仓场。隆庆四年（1570年）起任刑部左侍郎，调南京刑部尚书，未上任又改为户部右侍郎再督仓场。万历五年（1577年）起任吏部尚书。以考绩加太子太保，升光禄大夫，任职六年。在任户、吏部尚书时，积极协助张居正实行改革，推行“一条鞭”法，是明万历初年的政治家和财政家，一度官声极旺，被世人称为“王

“天官”王国光画像（现存于王国光老家上庄，距郭峪村仅几里路）

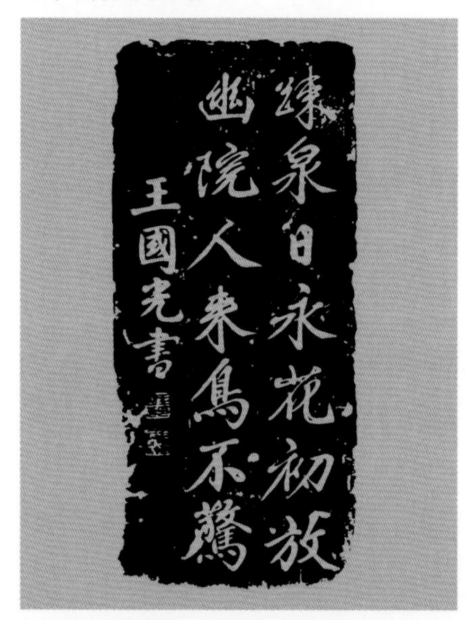

明　王国光书联

① 见《郭峪村志》，赵振华、赵铁纪主编，1992年5月出版。

天官”。万历十年（1582年），王国光71岁高龄时辞朝返乡。现旧居还在。

另一位是阁老田从典（1651—1728年），字克五，号蛲山，阳城县通济里（今东关村）人。清康熙二十七年（1688年）戊辰科进士。康熙三十四年（1695年）任广东英德县知县，上任之始就立下誓言：“若为囊橐之计而倾一人家，任喜怒之私而戕一人命，则大庾岭上将同颓石齐倾，始兴江头直与流波俱逝。”因治理英德有功，连续升迁。雍正三年（1725年），授文华殿大学士兼吏部尚书，雍正六年（1728年）任吏部尚书。田从典死后，雍正诏曰：“原任大学士田从典品行端正，老成廉洁，奉国公忠，可入贤良祠。”因此田从典受祀于山西的“三立阁”。可惜，原田从典在家乡阳城东关大街上的府第，毁于日寇占领阳城时期，现在仅存刻在高大门楼上的“相府”二字。

阳城最著名的人物还应属清初名相陈廷敬（1639—1712年），他出生在郭峪村里所属的黄城村，字子端，晚年号午亭。这位名相不仅历仕顺治、康熙两朝五十载，几乎创下中国为官时间最长的纪录，而且还是一位大学者，为一代硕儒。

陈廷敬出生在郭峪村所属的黄城村，他曾历仕清顺治、康熙两朝五十载，是《康熙字典》的总裁官，文渊阁大学士，一代硕儒
李秋香摄

陈廷敬是顺治十五年（1658年）的进士，从顺治十八年（1661年）

（下图）黄城村陈氏家族“冢宰总宪”牌坊，上面记载了陈廷敬及父辈兄弟的功名科第　林安权摄

陈氏家族功名牌坊　李秋香摄

郭峪村的张氏家族在明代科第辉煌。这是张鹏云老宅的牌楼式大门，上面门额题有："兄弟祖孙科甲"，下面门额题写着中科第的时间　林安权摄

起，历任会试同本官，秘书院检讨，国子监司业，内阁学士，礼部、吏部侍郎，左都御史，工部、刑部尚书，累官至文渊阁大学士，兼吏部尚书。陈廷敬极有文才，主持编修《世祖章皇帝实录》《太宗文皇帝实录》《鉴古辑览》《三朝圣训》《政治典训》《大清一统志》《明史》等，而令其青史留名的是出任《康熙字典》总裁官，这项任命成就了他对中华文化的一大贡献。

此外，还有郭峪村的张氏一族。兄张庆云为明天启丁卯科举人；弟张鹏云中明万历乙酉科举人，丙辰科进士，崇祯时任蓟北巡抚。张鹏云的孙子张尔素中明崇祯丙子科举人，中清顺治丙戌科进士，任刑部左侍郎。

第二章 樊溪侧畔郭峪村

一、郭峪村的由来

二、景观与风水

三、杂姓村落的形成

四、睦邻与亲情

五、尖锐的社会矛盾

六、儒贾之间

一、郭峪村的由来

郭峪村几乎与阳城一样古老。从阳城一直向正东约45公里是晋城，郭峪村就位于阳城与晋城之间，从郭峪村向西15公里是阳城，向东30公里是晋城。明清时期一条从阳城到晋城的大道就通过郭峪村。郭峪村在一条南北向的山谷里，樊溪河穿谷而过，郭峪村位于樊溪河的中游。从阳城赴晋城，先要到达樊溪河汇入沁河处的润城镇，然后沿樊溪河滩溯流向东北到郭峪村口，从这里登上属樊山支脉的苍龙岭。路是官道，都用石板铺成，宽约1.5米左右，沿山九曲十八弯，成为当时樊溪河谷中的一景。登上山顶向东就离晋城不远了。

在郭峪村周围有两个重镇，即郭峪村西南5公里的润城镇，及郭峪村正南5公里的北留镇。润城镇到明代时已成为阳城地区重要的冶铁镇，著名的火龙沟就在润城镇向北，沟中上、中、下三庄距润城镇只有1公里。润城镇“居民稠密，商贾辐辏”，与小城市相仿。据《玉泉庙碑记》①载，明代润城有300户。而清代光绪年的人口统计，润城有人口8000多，比现在（1998年）

① 引自《阳城文史资料》第1辑《泽州商人阳城帮》，第137页。

还多一倍，可以想象明清时期润城的繁荣兴盛。

北留镇是阳城境内著名的关隘，据说在明清时代曾有通向四面八方的道路21条，其中出入山西的重要孔道有：向西经蒲坂、风陵渡可至长安，向北经洪洞可到晋中盆地，向南过济源到洛阳、郑州直达黄河下游。因此北留镇位置重要，自古有重兵把守。北留镇又是商旅往来的重要驿站。据说清初至清中期，镇内每日经过外地商帮队上百批，有两三千牲口往来，加上官差，北留镇热闹非凡。

北留镇之北不过五公里的郭峪村却安静得多，这里山回路转，河曲谷深。直到清代，河谷

郭峪村西侧是庄岭，站在山顶，郭峪村尽收眼底　李秋香摄

两岸大树参天，青松翠柏，掩映着散落的村庄，因此，郭峪村不仅风景优美，且十分隐秘。郭峪村北半公里的黄城村，初名为梅庄，明崇祯十一年（1638年）改名中道庄，清康熙四十二年（1703年）起改称黄城。陈廷敬的伯父明崇祯甲戌进士、提督江南学政陈昌言道："余家中道庄，四面皆山，地偏而僻，泉温而冽，颇占陵谷之胜。……高下可因，堪理别墅。余意于居之北一区作稷事，终岁问农。……主人于稼圃吟读之暇，坐卧其下，把酒听之，洵乐也夫。"（《家弟书至，于斗筑居外买得闲田四十亩许，可理别墅，因赋怀以寄》）好一幅逍遥的耕读图。

郭峪村山形水势、地理环境图

据说郭峪村最早是因姓氏命名。唐代徐纶于乾宁元年（894年）所著的《龙泉寺禅院记》中的“龙泉寺”即今海会寺，距郭峪村约三公里。此文中这样记载：“是院之东十数里，孤峰之上有黄砂古祠，时有一僧，莫详所自，于彼祠内讽读《金刚般若经》。一日有白兔驯扰而来，衔所转经文蹶然而前去。因从而追之。至于是院之东数十步，先有泉，时谓之龙泉。于彼而僧异之而感悟焉，因结茆晏坐，誓于其地始建刹焉。同灵鹫而通幽，类给孤而建号，东邻郭社之末，前据金谷之垠。既名额以来，标称郭谷。”[①]可见，至迟在唐昭宗时，这里已有郭姓的村社。

不知在什么时候，郭峪村东侧，苍龙岭的一块巨大的岩石峭壁上刻了“金裹谷”三个字，字体硕大，遒劲有力。人们又将樊溪河谷称为“金裹谷”。

郭峪村的行政建置在明代为里，清嘉庆元年（1796年），阳城设十一都，郭峪（村）里属章训都[②]。郭峪村里范围远大于如今的郭峪村，包含郭峪村上下不少村落，其中较大的村落有五六个，如大桥村、东屿村、黄城村（中道庄）、大端村、沟底村、于山村等。而大村中又往往包容了一些小居民点，如现在的郭峪村范围内，就曾有槐庄、侍郎寨、黑沙坡、打丝沟、景川村、三槐庄等等，这些小村有的只有一两户人家。清初郭峪村里称郭峪村镇。陈廷敬《故永从令张君行谷墓志铭》[③]里写道：“郭峪村方三四里，各倚山岩麓为篱落相保聚，或间百步，或数十步，林木交枝，炊烟相接……”其中所描绘的正是清代初年的情景。直到民国六年（1917年），山西

① 阳城县文化局赵铁纪先生抄本。疑稍有脱误。

② 《明史》：“洪武十四年诏天下编赋役黄册，以一百十户为一里。”《清史稿》：顺治五年，推行里甲制，“几里百有十户”。

③ 见《郭峪村志》，赵振华、赵铁纪主编，1992年5月出版。

省实行编村制，郭峪村的范围才最终确定。

二、景观与风水

古代的樊溪河谷风景十分优美，海会寺一带北依可乐山，山势舒缓起伏，人家隐没在修竹茂林之中。沿樊溪河再向东逆流而上约两公里，河谷转向北。此时只见西侧庄岭，东北侧苍龙岭，东南侧史山岭，山势峻峭，林木葱郁，起伏的山岭上可见一处处庙宇、一座座古塔。樊溪河在丛山中曲折而下，溪边栖息着一处处村落。整个河谷清雅而富诗意。为此，许多乡间的文人学士留下了赞美的诗歌。清代乾隆时的郭峪村人张文炳有《樊川三首》诗，其一为：

谷云低渡水，
峰嶂远连天。
村径缘溪入，
薜萝绕砌穿。
绿垂深院竹，
红湿一池莲。
幽意真殊绝，
樊川胜辋川。

清乾隆年间黄城村人王炳照（1743—1798年）[①]，在《龙泉道中》云：

一滩高士画，
十里野人家。
小雨浓桑叶，
轻风落柿花。
楼危临涧直，
塔回出林斜。
望望龙泉寺，
香灯忆结跏。

郭峪村所在的地段是河谷中较宽的一处，叫郭谷，东西最宽处约350米，南北约1000多米，面积约4平方公里。郭峪村东北

① 乾隆丁酉拔贡，有《介雅堂诗》行世。

隔樊溪河有苍龙岭（782米）、史山岭（749米），南有东屿岭（698米），西有庄岭（738米），北有翱凤岭（700米）及可乐山支脉（700多米）。在四面群山的围合之中，东北角有一个缺口，樊溪河水就从这里进入郭谷。为了挡住堪舆家所说的穿沟风带来的“煞气”，人们在樊溪入郭谷的山腰处，一连建起三座紧紧相连的风水塔。三座塔从东北向西南排成一列，刚好从摩天岭与苍龙岭南端松山连线的中间点穿过，正对郭峪村。村民传说，它们就像三支木桩，将煞气挡在郭谷之外，以保村落平安。樊溪河春、秋、冬三季水量较小，一到夏季，山洪汇集，水势汹涌，常常冲毁郭峪村东北角迎水一面的城墙和房舍。这一角就叫“塌城口”。为镇水防灾，在塌城口的外侧，筑坝填土造护城墩以抗水患，并在墩上建起一座七层砖塔。松山上有文峰塔，作为村子的地标。郭峪村水口往下游约1.5公里，在秦甲沟入樊溪河处的西岸曾有一座七层宝塔，人称“河锥塔”（清代末年塔毁，至今无人知道塔的真正名字，只称“河锥塔”）。据风水的说法，它关锁水口，“藏风聚气”。郭峪村上下共有6座塔。

松山外形整齐，呈圆锥状，山上长满苍翠繁茂的松树，

从苍龙岭回望郭峪村及庄岭　李秋香摄

郭峪村远望　李秋香摄

高大的城墙下是樊溪河，每年七、八月雨水丰沛，水面宽阔，山光水影风景秀丽，是郭峪村一道天然的防御屏障　李秋香摄

生机勃勃。为培育文风，松山上建起文昌阁、文峰塔，不论人们从山上还是河谷中来，进入郭峪村之前，首先看到的就是那座文峰塔。传说松山原是一只凤凰，它与苍龙岭相聚一起，这是“龙凤呈祥”，附近的村子里要出大人物。

樊溪河谷里矿产很丰富，曾有五六座煤窑。各家各户院里院外，墙根下都能看到堆放的煤。每逢正月，家家门前生起灶火，一天到晚不熄火，称为“老火”，寓意一年的生活红红火火，兴旺发达。图为村民围坐在“老火”前　李秋香摄

樊溪河谷里矿产十分丰富，曾有三处主要的产煤区都距郭峪村很近，如位于樊溪河东侧、黑沙坡以东的后沟，就曾有五六个煤窑。距村南两公里的大桥村（古称“大窑沟”）也有三四个煤窑。而紧靠郭峪村西南角的上西沟（又称“小西沟”）一带也有许多煤窑。现存郭峪村窦满锁家院内的一块清乾隆二十九年秋月合镇士民立的石碑记载：“郭谷镇堡城西门外胡家堆有卫姓井窑一座，离堡城十步。往西北有卫姓旧窑口一座，离堡城二十步。卫姓新窑口在旧窑西北，离堡城三十步。张姓紫微岭南窑一座，与卫姓新窑口南北两山相离十余步，中隔山水小河一道，离堡城三十步。”以后又开发了马尾沟煤矿，距村北也仅一公里。

翱凤岭位于郭峪村的东北，在岭的南侧，距村七八公里处，有铁矿。而距村最近的铁矿则在苍龙岭上。位于河谷东北的樊山多为石灰岩，可用它制成石灰。庄岭之南不远产石材，苍龙岭上大片的松柏是建房的上好木料。沟谷、山坡、河滩有可耕的土地，山上长着桑树和柿树。晋东南曾是个盛产丝绸的地方，明清时，郭峪村几乎家家养蚕。

一到春初，妇女们便开始打扫房舍，布置洁净的养蚕房间。而山头、沟谷中，则是采桑的妇女们。清代黄城村人王炳照有《山居岁时诗》：

三月山前戴胜飞，
女桑猗傩魁荆扉。
马头娘子谁先祭，
满箔春蚕叶正肥。

清代郭峪村黑沙坡北侧小山沟内，住着郭姓一家，他们从高平迁来，带来了缫丝技术，还会染丝、织锦。在这家的带动下，郭峪村的缫丝技术不断发展，名闻阳城。为此，郭姓聚居的小沟被人称为“打丝沟”。除此之外，侍郎寨上李姓人家也是远近闻名的缫丝户，善织筛底。侍郎寨曾有四个院落作缫丝房，现存仍有两个以缫丝、织筛底而得名的上机房院和下机房院。

樊溪河谷的生态环境，像火龙沟一样，从明末开始就遭到了大规模的破坏。这种破坏首先是煤铁资源的粗野开采，到处劈山炸石，大量砍伐树木。其次是造房屋。由于人口的大量涌入，尤其是在明末动乱之后，为重建家园，不得已伐尽了树木。当地生态环境遭到严重破坏，农业一年不如一年，昔日的“风水”也自然耗散。

三、杂姓村落的形成

在唐代关于龙泉寺（即今海会寺）的文字记载中，已有“郭社”的名称。但郭峪村并没有成为郭姓的血缘村落。现在郭峪村中少数的几户郭姓居民都是清朝中期才从外地迁来的。而且，在阳城县境内，纯粹的血缘聚落很少，与我国南方仍存在大量血缘聚落的情况正好相反。这和华北一带，包括山西在内，长期的战乱和居住环境恶化有关。在一个较长的时段内，如宋代、元代的几百年间，这里的居民一直不稳定，有时甚至很少。

郭峪村明代末年建的老城墙，用法券形式建造，又称蜂窝城。这是一段残留的老城墙　林安权摄

直到明代，山西省才获得了较为安定的环境。明代朝廷为了巩固边防，在蒙古和山西交界处大量屯兵，山西腹地再也不受少数民族的袭扰，人口开始回流。也就是在这个时候，为了供应边关粮草，朝廷实行了“开中制”。开中制的主要内容：一是变盐铁官营为民营；二是将向边关运送给养的任务交给了商人，商人依据输向边关粮草的多寡向朝廷换取“盐引”，即定量的食盐贩运权，靠卖盐获取利润。阳城煤铁资源丰富，又地处去向边关的交通要道，采煤炼铁，商贩往来，一下吸引了大量的外地人口。

郭峪村由于紧靠冶铁最集中的润城镇火龙沟，又与交通枢纽北留镇毗邻，所以成为新移民涌入的优选之地。后来成为郭峪村大户的王、张、陈、窦、卢、马等姓氏都是明代迁入的。[①]

明代末年，以李自成为首

① 郭峪村的煤矿至今仍雇用河南、河北、安徽等地人为井下工。工人散住在村内各户。

有了城墙，村里还建了一座豫楼，即防御性的，坚固实用的楼，村人在村子任何位置都能看到
李秋香摄

明代末年战事频繁，为防御流匪军队的骚扰，阳城一带很多村子纷纷筑高墙，建瞭望楼。这是紧邻郭峪村一里的黄城村城墙及河山楼　林安权摄

的农民军在陕、晋、豫等地进行了长达几十年的拉锯战，其中李自成老十三营王嘉胤的一支军队，为筹集钱粮，经常滋扰劫掠地方，郭峪村和润城的富户当然是他们的掠夺目标。民国二十三年《山西省阳城县乡土志》载：“崇祯四载，流贼猖狂，九条龙、紫金梁、老回回绰号之渠魁不一。”原文注：“崇祯四年，流贼王嘉印（胤），即九条龙，转掠至阳城，总兵曹文诏击斩之，其党王自用，号紫金梁，与老回回往来阳城间，民被其害。”“五六年间，邑民涂炭，王刘村、润城都、郭谷里诸乡之杀掠尤多。”为躲避农民军的劫掠，樊溪河谷众多散居的小户迁至大村附近，以加强集体的防御力量，这就形成了较大的杂姓村落。郭峪村为其中之一。

郭峪村继招讨寨（后称为

海会龙湫图（选自清同治《阳城县志》）。郭峪村距海会寺约3公里路

郭峪村东南的海会寺双塔
左照为1998年拍摄，李秋香摄；右照为2000年修缮一新后所拍　山西旅游网摄

“侍郎寨”）和黄城村之后三年，有钱的出钱，有力的出力，于明崇祯八年（1635年）建成了阳城乡村中最大的堡墙。有了明确的领域感和共同利益的向心凝聚力，郭峪村终于成了樊溪河谷最大的杂姓村。

经过明末战乱，阳城四乡村落变得十分萧条，清同治《阳城县除荒救民碑记》中载：“阳城县前此无荒也，始于闯寇之变，桑田迁易，姜逆继之，蹂躏更多。……计明代丁口十万有奇，今虽生聚数年，供□者不过二万余，凋敝之象不堪瞩目也。”①但郭峪村恢复生气比较早。清初陈廷敬在《义冢碑记》里说郭峪村人“好力作负贩，俗尚俭啬，四方来居者人口日众”②。外来户口再次充实了郭峪村，对郭峪

① 见《阳城文史资料》。

② 见《郭峪村志》，赵振华、赵铁纪主编，1992年5月出版。

村的复兴做出了贡献。

郭峪村人能够杂姓相处，还有一个重要的原因。山西人在外经商者多，千凶万险难以预料，因此特别重视“乡亲”关系，因乡亲而结为商帮，相互提携。地缘意识大大强过于血缘意识，所以非血缘的村落往往具有很大的包容性，利于吸纳外地来投的有才干的人。如清朝晚期，河南一带陆续有人逃荒到郭峪村，这些人中有裁缝，剃头匠，木匠，植棉和纺纱能手。其中有个叫张敬言的木匠，兄弟两人手艺都不错，后代一直居住在这里。郭峪村不排斥外姓人。《郭峪村志》载：“村内清代时人口极多，每院楼上楼下都住满了人，连城窑里都有人住。”以至现在郭峪村姓氏多达46个。

郭峪村的地段毕竟有限，在人口达到一定程度时，人们便自然地向周围村寨转移扩散，迁到郭峪村附近仅有一两户的小村内，如黑沙坡、后沟等，使这些小村逐渐扩大。

四、睦邻与亲情

郭峪村与相邻的黄城村、侍郎寨以及上庄等村早有亲切的关系，到清代更加紧密。如黄城村的陈姓与郭峪村的陈姓原为一脉。陈姓先祖陈仲名，从河南彰德府临漳县迁到泽州天户里三甲半坡沟南。传二世，陈岩、陈林兄弟于明宣德四年（1429年）迁阳城梅庄，后改名中道庄，即今黄城村。再传五世，有陈经正一脉于清代初年迁至今郭峪村，发展为郭峪村大姓之一。又二世，黄城村的陈纯于“康熙中年移居

陈小际老人及祖父、祖母的照片　李秋香摄

左照为陈小际的祖父陈福灿，右照为其祖母　李秋香翻拍

庄（按：即中道庄）南里许之文昌坊（即黑沙坡），我院南楼花梁可证，系雍正十年创修此宅”（现居黑沙坡的72岁陈小际老人藏手抄家谱载），并繁衍至今。而侍郎寨张姓居民则从郭峪村迁来。侍郎寨明末住着一个姓范的招讨官，并建寨墙，人称此处为“招讨寨”。后范姓迁走，清初顺治年间张尔素便买下这里的房舍居住。张尔素官任刑部左侍郎，便将招讨寨改称为“侍郎寨”。

这几个邻近村落之间又有联姻，如陈廷敬的两个女儿均嫁给了郭峪村的王姓人家，黄城村王炳照的后代也多与郭峪村中人通婚。陈氏与郭峪村张氏为世交，陈廷敬在为郭峪村张多学写的《西园先生墓志铭》中道：“我冢宰公尝曰：‘吾曹，兄弟也，但各姓耳。’往来阡陌，输写情好，连日浃旬。”[①]为修缮郭峪村的汤帝庙，黄城村的陈昌言不但捐资，还写了《郭峪村镇重建大庙记》[②]。在清顺治年间，迁

① 见《郭峪村志》，赵振华、赵铁纪主编，1992年5月出版。

② 同上书。

郭裕村陈氏家族简谱

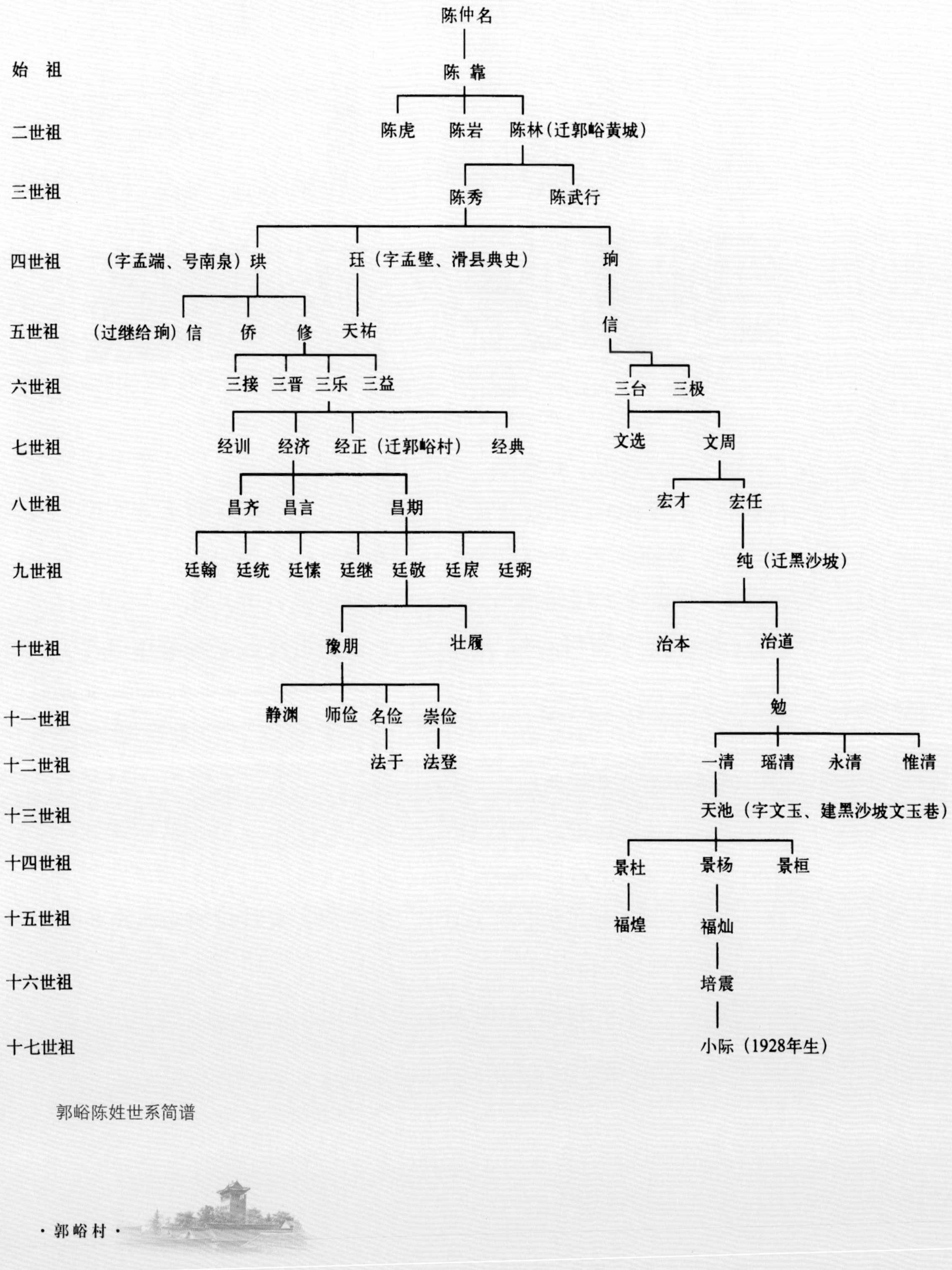
陈仲名
始 祖
陈 靠
二世祖
陈虎
陈岩
陈林（迁郭峪黄城）
三世祖
陈秀
陈武行
四世祖
（字孟端、号南泉）珙
珏（字孟璧、滑县典史）
珣
五世祖
（过继给珣）信
侨
修
天祐
信
六世祖
三接
三晋
三乐
三益
三台
三极
七世祖
经训
经济
经正（迁郭峪村）
经典
文选
文周
八世祖
昌齐
昌言
昌期
宏才
宏任
九世祖
廷翰
廷统
廷愫
廷继
廷敬
廷扆
廷弼
纯（迁黑沙坡）
十世祖
豫朋
壮履
治本
治道
十一世祖
静渊
师俭
名俭
崇俭
勉
十二世祖
法于
法登
一清
瑶清
永清
惟清
十三世祖
天池（字文玉、建黑沙坡文玉巷）
十四世祖
景杜
景杨
景桓
十五世祖
福煌
福灿
十六世祖
培震
十七世祖
小际（1928年生）

郭峪陈姓世系简谱

居郭峪村的陈经正，即陈廷敬的叔祖父一直担任着郭峪村里的社首，掌管着郭峪村里，包括郭峪村、黄城村及侍郎寨的一切事务。直至民国六年（1917）山西省实行编村制前，这三个村落的居民对外都称郭峪村人。

与郭峪村仅隔一座庄岭的上庄，是著名的明末尚书王国光的老家。自冶铁发展以来，上庄与郭峪村之间就因交流冶炼技术或共同贩运而形成十分密切的关系。明末清初王国光后代的一支迁居到郭峪村居住。王国光的孙女为陈廷敬的继母，曾孙女为陈廷敬夫人，致使上庄与郭峪村及黄城的关系更加密切。

五、尖锐的社会矛盾

尽管都是郭峪村人，村中的大姓与小姓，大户与小户之间却始终存在着尖锐的社会矛盾。郭峪村耕地不足，大半掌握在几户有钱有势的人手中，多数村民土地很少或没有土地，沦为佃农或雇工。陈廷敬《义冢碑记》说：郭峪村“地最硗狭，耕牧无所……田既少而悉归于有力者。……四方来居者人口日众而田日益不足，生既不能以田为事，死则无所归”。外来人中有一些成为世代传承的“小姓”，即“贱民”，从事轿夫、吹鼓手、土工、脚夫、接生婆等“贱业”，挣点小钱，养家糊口。当地蔑称这些行业为“圪烂行”或“王八行”。诸小姓各自固定为某大姓世代服役，便弃本姓而随大姓之姓。[①]在郭峪村建城墙之前，这些小姓多住在村边，如村北的北沟，及南侧的南坡等地，各行又有自己的聚居地段。修城时为保全富户们的利益和体面，便有意将这些小姓圈挡在城外。在城墙建好后，村社明

① 现住侍郎寨的张尔素第十五代孙张金生（1913年生）说，现在郭峪村和润城镇有不少张姓人都是小张姓。又沁水县西文兴村支部书记柳栓柱说，该村的柳姓有不少也是小柳姓。

确规定：从事贱业的人不得居住到城内。大姓不得与这些小姓通婚，从事贱业者只能互相通婚。“贱民”与富人之间不断出现争斗，汤帝庙戏台下墙上砌着一块清乾隆二十年（1755年）的《邑侯杨老爷剔弊安民示碑》，其中就鲜明地反映了这些争斗。碑中载：小姓中有些霸头，控制住行业，“阳城县正堂记录三次，记功三次，杨为积弊难除，乞示永遵以靖地方，以安良善事。据郭峪村镇生员张国模、范均，乡约陈权，地方刘元禀前事，禀称情因本镇有土工一行，居民凡有丧葬，皆系此行人做工。因雍正年间加设巡宪与学宪，一时经过，需用钱役甚多，然皆现付工价，并未累及里民，历逢各大老爷仁慈如一也。此辈小人因有应差之名，又立轿夫一行，凡有居民婚姻之事，用伊抬娶，始行之时，婚葬皆伏。不意积久发生，因本镇户口盈庶，地方寥阔，立有五坊，伊等自立规矩，各据一坊，凡遇有事之家，各坊只许觅各坊土工轿夫，不许越坊坏伊规矩。若有丰余之家遇见丧事，开口工银动云叁拾伍拾两不等，即小户之家有事亦得叁拾贰拾，任其勒索。轿夫即一日之工一千二千，其勒索亦然也。且此辈之中半皆亡命凶恶之徒，居民少拂其意，恃其凶恶围门辱骂，若与见面讲理，多遭殴打，以致人人俯首，个个听命，所以然也。人即犯违律之条，官法尚不能便加，尤可希图宽漏，一触此辈之怒，毒害随至，刻不容缓。是以人之畏惧甚于虓虎，流毒地方已非一日。于前任谢大老爷访闻此弊，出示严禁，不许借端吓诈。伊等自此敛迹。今八九年来，前示飘没，旧弊复炽。□□本地方之责，非不想私为劝止，但前示无存，此辈梗顽之徒必非情理可化。踌躇再三，惟有恭请钧示，或容其做工觅食，不许分坊。民居如有婚葬，任客投主，此辈不能独霸一方，恐其转觅别人，工价自可不出情理，勒诈之风，立可渐消矣。自示之后，伊等若敢旧恶不悛，遇事横行，辱骂殴打良民者，许地方即立禀报，凭县台大法究处。若地方不即禀报口纵，被害之众告发，地方任受□□□□□禀。念生等因清理地方、除暴安民起见，伏乞恩准严事外，赐以朱批，生等回乡，众立石公所，以之永远凛遵，行见功德同行岳□□，恩泽与沁川同流矣。今开所存旧告示抄稿一纸，粘验等因，据此合出示严禁。为此事仰该镇轿夫、抬夫、土工人等知悉，示后凡遇士庶丧葬婚姻等事因用人夫，只许照一公价承揽，听其自便。不得独霸一坊，任意勒索，以致本家碍难转觅他人，贻害地方。有如前项不法棍徒，借称轿夫、抬夫名色，遇事把持承揽，任意勒索工价，并恃强殴骂者，许本家投鸣乡地，协拿送县，□凭报究。而民居人等，凡有婚葬等事，亦当量公雇觅，慎勿为富不仁，故意□发价值，致兹多事，并干重究，各宜凛遵勿违，特示。乾隆二十年三月十二立，实贴郭峪村镇阖镇士庶公立”[①]。这块碑文虽然指向“棍徒”，但仍让人们了解了郭峪村士庶与“贱民”小姓之间的矛盾，看到了贫富的巨大差距。而官府则是站在士庶一边的。

另一块在汤帝庙大殿前月台上铺地的《邑侯大粱都老爷利民惠政碑》也反映了贫富之间的矛盾。

六、儒贾之间

在传统社会中，“士农工商”，读书为第一位，商为末业。但商人的才智并不亚于士子。而且，商人常年在外奔波，对社会人情的了解远远胜过读书人。早在明代，郭峪村和黄城村的张、王、陈三大姓就以商致富。但是，传统的以农为本、以商为末，重本轻末的思想还是牢牢统治着他们后

① 碑文清晰易辨，但有不通顺处。

人的头脑。例如，黄城村《陈氏宗谱》载：清康熙朝文渊阁大学士陈廷敬的高祖陈修，“为人刚毅缜密，有志用世，竞不售，退而鬻冶铸，大富”。明万历年陈三晋在《静坪陈修墓碑》中说：“陈氏先世虽饶于赀，至公益充，拓田庐储蓄视曩昔远过，拟于素封。”但宗谱依旧很避讳祖先的经商经历，认为经商“非其志也”，且大书特书他们如何乐于行善。同碑又载，修“轻财好施，有弗给者辄出帑金廪粟以赈其急。弗能偿者，即毁券不校。乡人以为岁星”。

就山西省来说，十分兴旺发达的晋商早已突破了重士轻商的陈旧观念。如柳林县《杨氏宗谱》争辩：“天地之间，有一人莫不有一人之业；人生在世，生一日当尽一日之勤。业不可废，道唯一勤。功不妄练，贵专本业。本业者，其身所托之业也。假如侧身士林，则学为本业；寄迹田畴，则农为本业；置身百艺，则工为本业；他如市尘贸易，鱼盐

郭峪村西门是永安门。城门进来，内侧就是汤帝庙，一条巷子从庙前直通到村子里　林安权摄

有的大户人家门前竟有一大一小两对石狮子　林安权摄

负贩，与挑担生理些小买卖，皆为商贾，则商贾即其本业。此其为业，虽云不一，然无不可资以养生，资以送死，资以嫁女娶妻。”这种观念曾大有利于晋商的进一步发展，但同时也导致晋商不重视读书，为晋商日后的衰落留下病胎。

这是陈廷敬祖上的老宅院。门户显贵的宅院门前都有石抱鼓和石狮子。门额上则是家族科名的记录，一种儒贾之间的彰显　林安权摄

郭峪村和黄城村的大户则本是耕读世家，后虽经商而仍大力倡教兴学。陈廷敬在临终前就给后代留下四句话作为家训：“贫莫断书香，富莫入盐行，贱莫做奴役，贵莫贪贿赃。”为了给子弟们创造一定的氛围，凡建宅舍，均不忘建书厅、书房。村社还在村中建文庙，设学堂。清代初年，以郭峪村人为主，联络附近上、中、下三庄等几村的年轻人创立了“樊南吟社”，每年均在郭峪村进行两至三次的会文，在阳城县产生了很大的影响，也大大促进了郭峪村和三庄的文化兴起。

为课读进学，大户人家在住宅中设私塾，延请塾师授书。陈廷敬在《午亭文编》中就写道："吾六七岁从塾师受句读。"他在《西园先生墓志铭》中写郭峪村的张多学："先生教子甚勤。老屋三间，藉书枕册，浸渍丹墨。元日除夜，犹闻弦诵之声。"正是这不绝的弦歌，不断的诵读，使郭峪村里芝秀兰馨，文彦之士不断。"自明初以来，由于豪商巨贾的出现……阳城逐渐形成了13个家学渊源、弦歌不绝的读书世家……他们分别是下交村的原氏，匠礼村的杨氏，城关的田氏、白氏、卫氏、王氏，黄城的陈氏，屯城和润城、郭峪村的张氏，三庄的王氏、李氏和杨氏。"[1]而郭峪村的张氏，黄城村的陈氏又是这13家中的佼佼者，因此有了"郭峪村三庄上下佛[2]，进士举

① 刘伯伦《明清阳城人才迭出追因》。"名相陈廷敬暨皇城古建学术研讨会"论文，1998年10月。

② 三庄即上庄、中庄、下庄。上下佛即上佛村、下佛村。

郭峪村内保留的老商铺　林安权摄

人两千伍，如若不够数，侍郎寨上尽管补”的民谣。

郭峪村等村落，村民们在现实生活中是儒贾并举。他们将本村子弟中最优秀的推举上科甲仕途，同时又将本村中最有头脑的子弟投入商海。如郭峪村的赵姓经商发财而又好读书，《赵氏宗谱》载：玉卿公“性洁品端，孝悌纯至，生平敦厚，清谨治家，严而有思。是书周览，搜奇好古，凡天文、地理、医卜、阴阳，皆究心论辨，所为俱合平道。……初，太公与公携贾于楚，未几，营运茂丰”[①]。家居黑沙坡的陈天池，在经商之余还写了一部叫《第一快活奇书》[②]的小说，将经商所历一一写进书里。

郭峪村的豪宅大院，往往大门前有一对抱鼓石，一对小石狮。村民说，抱鼓石是科第进仕的人立的，小石狮是捐纳得官的人立的。它们同时并肩而立，是郭峪村人亦儒亦贾特点的实物写真。

① 郭峪村赵铁纪手抄《赵氏宗谱》。

② 陈天池《第一快活奇书》，1922年7月出版，撷华书局。

第三章 | 郭峪村落格局

一、郭峪村城

二、街道网

三、居住区

四、侍郎寨和黑沙坡

五、村子管理

“太行西来几万里，至阳城迤南百里，崭然而尽，如化城蜃楼。列嶂北向，郭峪村在其中，谓之镇。”（陈廷敬《故永从令张君行谷墓志铭》）[1]太行山南端山谷错杂，一条樊溪河谷从北向东南蜿蜒而行，长达五公里，郭峪村就坐落在樊溪河谷中游最宽处，河在这里向东凸出一个小弯，恰好对村子做一个怀抱姿势。郭峪村由三部分组成，即郭峪村、侍郎寨和黑沙坡。郭峪村本村位于河湾的西岸，背靠着不高的庄岭，是一块后有靠山，前有腰带水的佳地。另外两处与郭峪村本村隔河相望，侍郎寨位于南侧，黑沙坡位于北侧，中间只隔一道很窄的沟。在樊溪河东岸，北距郭峪村本村约半公里，是著名的黄城村。

明末之前，村落基本是各家选择适宜的地段建房生活，居住很疏散，村落四周没有围墙。崇祯五年（1632年），为抵御李自成农民军的不断劫掠，侍郎寨（当时称招讨寨）、黄城村最先修起了城墙，而郭峪村本村因人多、范围大，直到崇祯八年（1635年）才筑起城墙，形成现在的村落规模。

一、郭峪村城

郭峪村的城墙，东西方向

① 见《郭峪村志》，赵振华、赵铁纪主编，1992年5月出版。

窄（最宽处约350米，最狭处约100米）南北方向长（最长处约1000米，最短处约300米），村城形状很不规则。与城墙相呼应，村子中心位置还有一座30米高的敌楼，叫豫楼。它在战乱频仍的年代，为保护村民的安全立下了功劳。站在豫楼顶上极目四望，松山耸于前，庄岭倚于后，摩天岭雄踞其北，河锥塔矗立其南，山峦列嶂，气魄雄阔，樊溪河从东北至西南，恰似一条玉带，远近山村历历在目，真如画中境界。

郭峪村城共有三个门，东门、北门和西门。东门为村子的正门，紧濒河岸，是三个门中位置最低的一座。门洞上曾有石匾题“景阳”二字，因为郭峪村城又叫“景阳城”。东门樊溪河的东岸河滩，原是阳城来的官道，当行至距郭峪村东门约100米处，官道开始上坡，到侍郎寨及黑沙坡之间的山沟，路分成三岔：一条向东，从黑沙坡登上东北方的苍龙岭，直趋晋城；另一条仍沿河滩向北到黄城村；还有一条则下坡涉水，踏着溪间的碇步来到郭峪村的东门。民国以前，樊溪河水常年不断，虽宽近30米，但河水清澈，流缓而不深，为此只设置碇步而未架桥。夏季雨水集中，常发山洪，河水骤涨，淹没碇步，冲刷河床和城墙基础。为保护河床、城墙，也为截流一部分河水供上游使用，便在河床上修起一座用大石块砌筑的水坝，碇步就砌在坝上。在这道水坝下游约30米处又建了一道同样的水坝，但没有碇步。过了上坝的碇步就到了河的西岸，由于东门建在坡上，西岸边便留下一块20米宽、50米长的宽敞的广场。这块空场地段比较宽，从明末清初起郭峪村就有了集市，逢集时在这里售米及其他粮食，称为米集。广场的北侧，河边有两间王姓财主开的油坊，为此人们称这段河坡为油坊坡。广场的南侧，即油坊的下游，两道水坝之间，利用河水落差建了一座水碓，用来轧棉花，称轧花房。沿河的两岸，东城墙脚下原有一米

郭峪村区域平面图

郭峪村城墙高大，最高的地方距地面近 11 米，转角处有阁或亭，防御能力很强　楼庆西摄

城墙上的瞭望房　林安权摄

郭峪村的北城门，称为"拱辰门"，曾建有瓮城，20 世纪 40 年代拆除　林安权摄

宽的路，在为保护墙基而用石块修筑起来的堤上，路边还有台阶层层下到河中，平日供妇女们洗衣、洗菜。因河水不能饮用，人们又在河边掘了一口井，供东门附近的村民担水饮用，也可洗些直接入口的蔬菜、食物。井旁还修起三个串联的水池，让河水流过水池，上游水池淘米洗菜，下游水池洗衣或洗农具等。郭峪村南，是很缓的坡地，由于长期河水冲淤，形成了一些可供耕种的滩地，村人下地也都出东门。

北门为拱辰门，建在半山坡上，出门便是一条由西向东冲入樊溪河的洪沟，叫北沟。北城墙便沿沟的南岸走。北门外用石条建了一座桥，过沟就是三槐庄。顺小路上山，翻过庄岭不远，就到了属润城镇著名的火龙沟上、中、下三庄。从三庄再向南一公里左右，就是润城镇。出北门向右顺沟下陡坡到樊溪河岸就上官道了。

郭峪村西城门称"永安门"　李秋香摄

西门叫永安门，建在村的西南角上，是三座城门中位置最高的。西门外正对着小西沟，沟里有郭峪村的小煤窑。沿小西沟上山便是庄岭，山坡上有许多可耕种的旱地，均属郭峪村。西门内侧是庄岭龙脉的尽端。风水术数认为"脉尽处为真穴"，元代就在此处建起一座汤帝庙，以后修建城墙，把汤帝庙围在城墙内，是城内的最高点。汤帝庙右前侧紧靠西门。

在村子的西南角还有一座水门，称"上水门"，因位置高，又称为"高水门"，又因为位于村子的西侧，又叫"西水门"。这道水门是为防洪修建的，一旦山洪顺沟谷涌下，便从这里进入村内，然后经南沟再出东城墙的低水门排到樊溪河里。低水门又称"金汤门"，有石匾，系蓟北巡抚张鹏云题。

二、街道网

村子在庄岭东侧的缓坡上，

永安门内建有瓮城，易守难攻，十分坚固　林安权摄

郭峪村西水门楼，每年七、八月的雨水集中，此时的西水门除了供日常交通，还承担起重要的排洪功能，1949年前后，西水门位置较高，已毁，这座水门为2000年后新建　林安权摄

郭峪村的低水门，又称“金汤门”，寓意“固若金汤”　李秋香摄

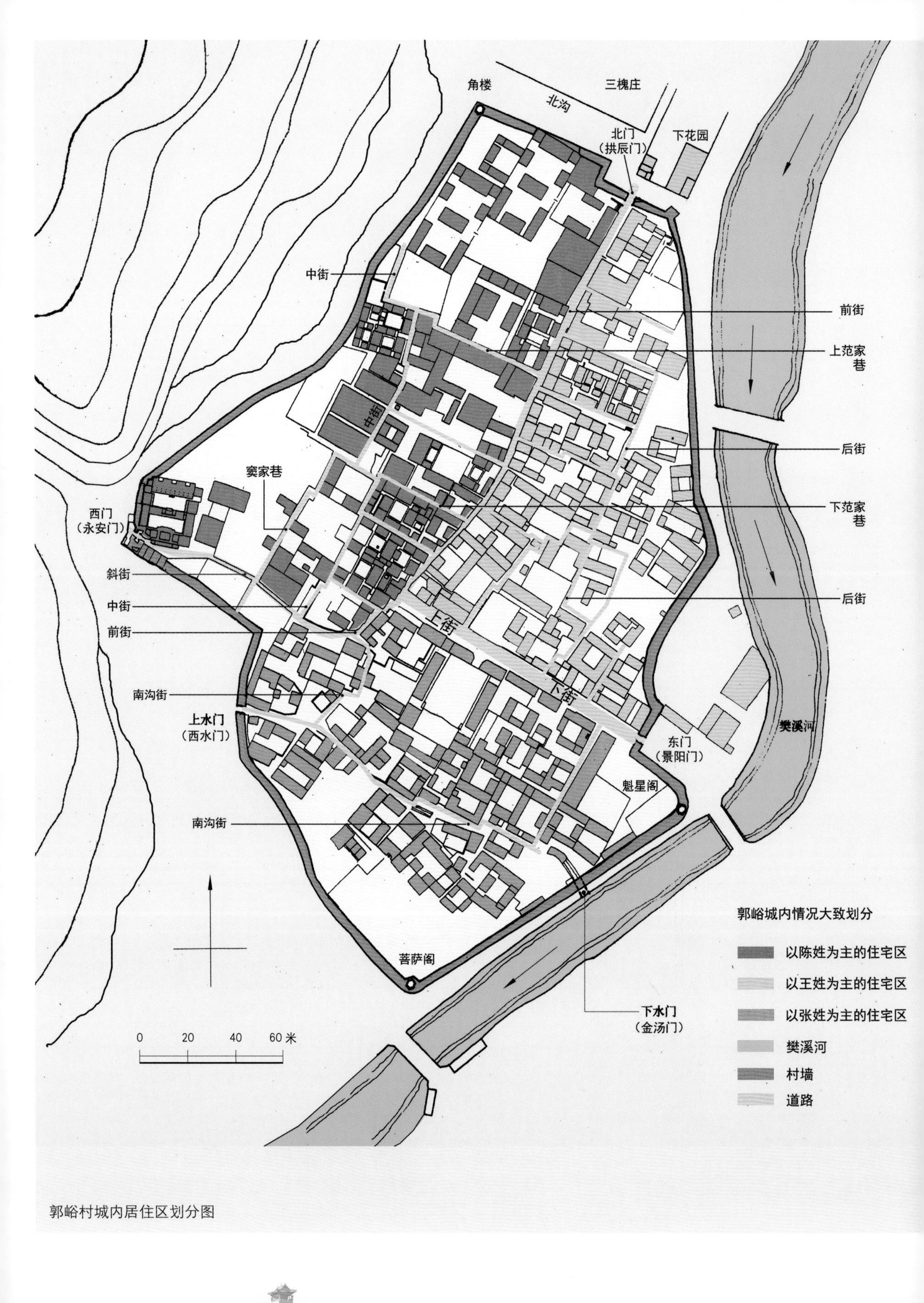

郭峪村城内居住区划分图

郭峪村下街现状　林安权摄

西高东低，主要街巷大多沿等高线排列，走向大体为南北而稍偏向西南。在村中部到北部一带，有三条沿等高线的街巷，从东到西依次为后街、前街、中街。前街位于三条街巷的中间，是村中最重要的街巷之一。前街的北头是北门，向南到村子中心后折转向西南，成不规则的斜街，一直通到汤帝庙，出西门。中街位于前街的西侧，即坡上，北边可通到北城墙根，南边接到斜街上。后街在前街的东侧，即坡下，靠近东墙。后街距前街约60—70米，平均比前街低两米多。后街只是大致平行于前街，它的北头通至北城墙内，可顺墙至北门，南头则与村中部一条东西向的上街垂直相交。在这三条主要的沿等高线方向排列的街巷之外，还有一些平行于等高线的短巷。如在中

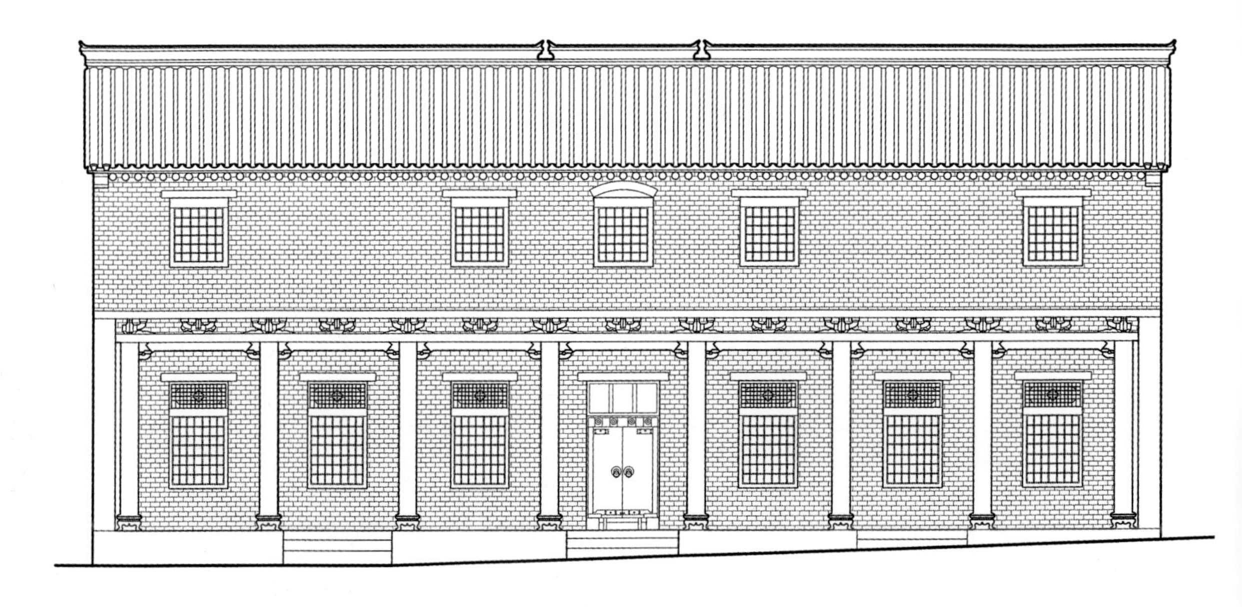

中街商店立面

农历正月十五前，家家挂起灯笼，巷巷拉起了彩旗，整个村子一派祥和气氛　李秋香摄

南沟街巷　林安权摄

小巷整齐深邃　林安权摄

住宅与街巷　林安权摄

街背后的坡上，原住着姓窦的人家，住宅很大，与中街上住宅之间形成一条短巷，窦家自称这条巷子为窦家巷。又如从村落中部至南城墙，也有一条不长的沿等高线方向的小巷，又窄又短，没有名字。它的南端可曲折通到南城墙，北端与村中部的上街垂直相接。

除了沿等高线排列的街巷外，还有六条垂直于等高线方向的街巷。最长的有两条，一条从东门口一直向西偏北走与前街相接，西段称为“上街”，东段称为“下街”，是全村最重要的街之一。从上街与前街相会处的丁字路口到东城门，高差约有七八米之多。从东门进村，一路爬上陡坡，村落的气势十分壮观。以前这条街是全村唯一的商店街。上街、下街和前街形成全村的主干街，连通各门。在上街与前街相交的丁字路口还造了一座“申明亭”，凡村中重要人事均要在

前街东立面分段

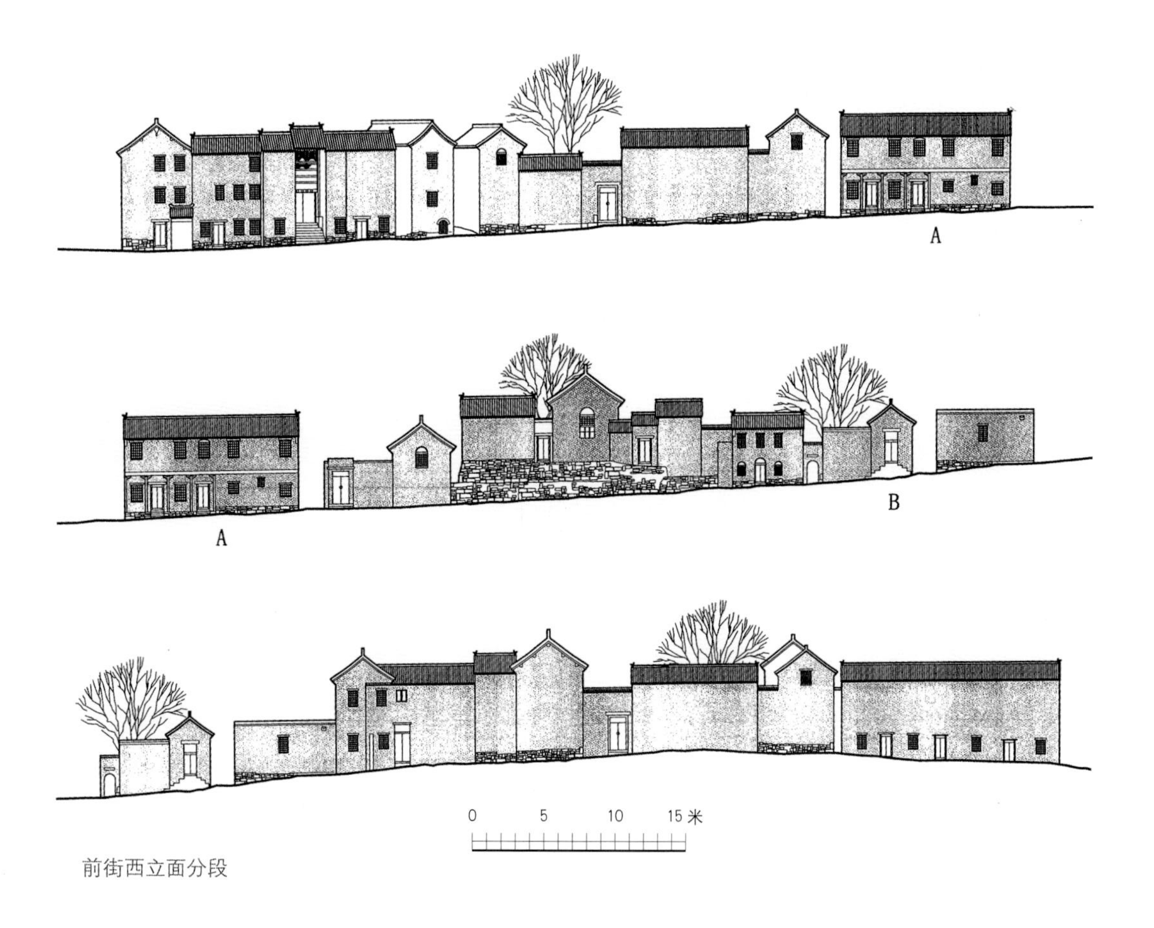

前街西立面分段

郭峪村前街北段巷道　李秋香摄

亭中公布，于是这里成为村落中唯一的一处公共中心。[①]

在上街、下街以南约50米处，有一条自然形成的由西向东的洪沟，称为“南沟”。沿南沟北岸形成一条街，西头通到西水门，东头达东城墙，这条街称为“南沟街”。除此之外，在前街与中街，前街与后街之间还各有两条垂直于等高线的街巷，都很短。前街与中街之间，近北城门有上范家巷，巷子西头通到钟家院，东头与前街交会。位于丁字路口的北侧为下范家胡同，西头与窦家巷相交，东头接前街。在前街与后街之间也有两条垂直于等高线的巷子，一条靠近北门，为“王家巷”，一条在街的中段，称“徐家巷”。在这些较大的有名字的街巷之间，还有一些无名的，称不上巷子的通道，在各巷之间交错连通，四通八达，十分便利。

每年七、八月间，雨水集中，容易形成山洪，北沟和南沟是主要的排洪道。街巷也是积水排洪道，所以垂直于等高线的街巷必不可少，而且分布均匀。村

① 明代海瑞记载，明太祖在乡中设“三老”，管理一乡事务。“因构一亭书之曰申明亭，朔望登之以从事焉。是不计仇，非不避亲……善则旌之，恶则简之，此亦转移风俗之大机括，而乡落无夜舞之鍬鳝矣。”（《海瑞集》上册，149—150页，中华书局1981年版）则申明亭是扬善抑恶的场所。又据明代吕坤《实政录》卷五《乡甲约》《乡甲事宜》，乡中有旌善亭专记善事，而申明亭专记恶事。郭峪村无旌善亭，则申明亭可能两用。

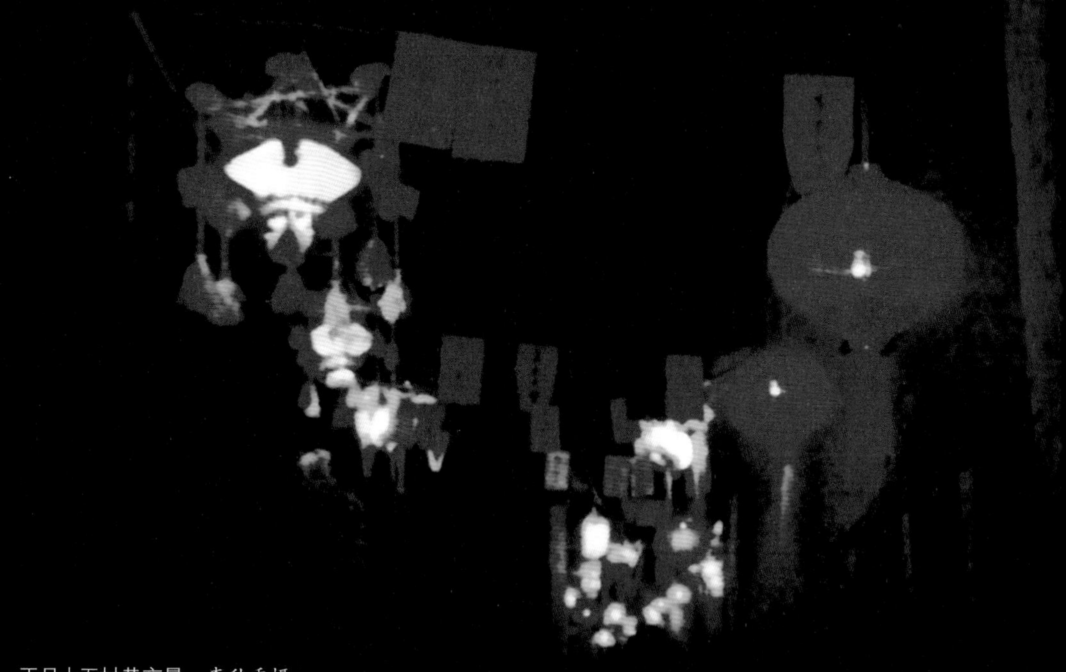

正月十五村巷夜景　李秋香摄

内的雨水由街巷送进北沟和南沟，再排泄到樊溪河之中。为了让雨水排泄顺畅，且不伤房舍，村内的街巷多用石块铺地，主街巷通常都宽2.5—3.5米。

郭峪村是樊溪河谷的商业中心。到清康熙年间，上街、下街的商业形成了一定的规模。除了有贩运煤、铁的铺子外，还有各种服务于生活的店铺，如杂货店、中药铺、饭铺、盐店、烟房、小客栈，也有为过往贩运的脚夫们歇脚留宿的骡马大车店。那时上街只有2.5米宽，白天敞开店门营业，铺子面对面。为招徕生意，一些铺子还挂上幌子。街上你来我往，马蹄嘚嘚，车轮滚滚，格外热闹。到清代末年，经过郭峪村的官道渐废，郭峪村上街、下街的商业也逐渐衰败。到民国年间，村中仅剩三四家铺子，多为人们日常生活需要的杂货铺和中药铺。但阴历逢九还有集市继续举行，一直延续至今，地点在上街、下街和东门口一带。

三、居住区

郭峪村几十个姓氏混住在一起，其中势力最强、人丁最旺的为科第仕宦又兼富商的陈、王、张三大家族，他们各自占据了村中最好的地段。陈姓的大片住宅占据村的中部，即从丁字路口向北，前街西侧的大部分地段，

村内的老住宅区　林安权摄

与全村的主干街前街和上街联系便捷，既不紧靠河溪，免遭洪水泛滥之苦，与庄岭的山脚又有不小的距离，给宅子留有发展的余地。王姓的宅子在前街中段的东侧，一块平坦完整的地段。张姓的住宅主要建在南沟街。由于这三大姓均有功名，有钱有势，村民便将他们所居的位置，根据街巷的关系，编出了顺口溜：“前街西为陈，前街东为王，南沟住张家。”①

在这三片住宅区内，插花住着众多户数不多的杂姓。有些户虽有钱有势，但人丁不旺，房产不多，如在以陈姓为主的住宅区内的中街，就住着几户有钱的别姓人家。中街最北头的钟姓人家，曾做盐业生意发财，住宅很讲究，取名“容安斋”，但儿子

① 张姓其实有不同宗的两派，均为仕宦之家。南沟街上住的是张鹏云、张尔素一族，另一族张好古、张好爵的大宅在中街，对着下范家巷。

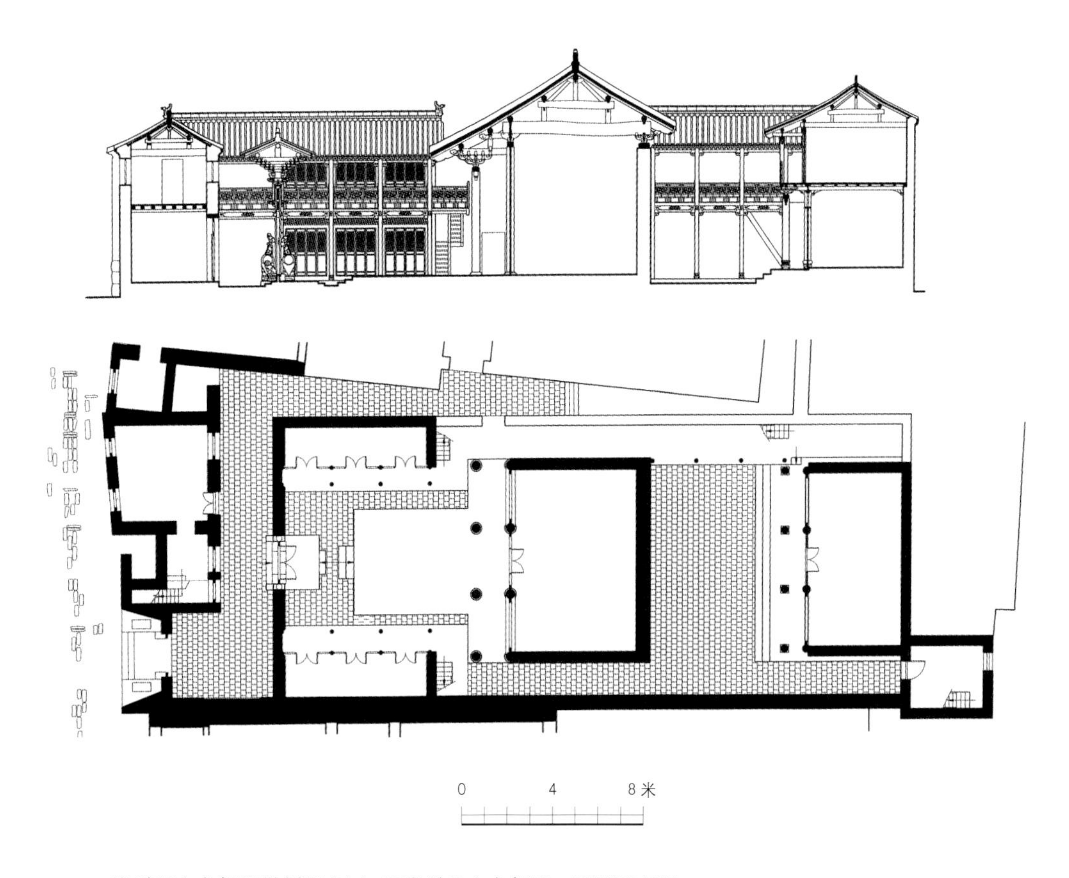

张鹏云大宅复原纵剖面（上）及张鹏云大宅复原一层平面（下）

有些住宅建成平顶用来晾晒谷子　李秋香摄

定居在外经营生意，只好让女儿招了上门女婿以继家业。在中街的最南头，靠近汤帝庙，曾有姓窦的人家，祖上于明中后期迁居郭峪村，以贩运铁货而发财，盖起了四座大宅院，但明末战乱时，房屋遭破坏，仅剩两幢完好的宅子。在前街与中街之间还有另外一个张姓人家，也是明后半叶迁居郭峪村，祖上有张好古、张好爵、张于廷等考中进士，是个科第世家，名望很高。但张家为官的子孙多将家眷迁走，因此祖居总是空空荡荡，人气不旺，当然也就不需再建大宅了。

以王姓为主的住宅区内，居住在靠近北门的卢姓人家，是几代书香。徐姓人家也曾是较富有的商户。

在南沟街以张姓为主的住宅区内，曾住着卫家、范家，也均是村上有名的经商富户。

当然每个住宅区中也居住着不少贫穷的小户，他们的住宅多围在大姓住宅群的四周，地段较差。

自从郭峪村建城墙以后，城内就成为可受保护的珍贵的地域，为了维护城内人的利益，同时体现城内人的地位，建城之后，便不允许从事“贱业”的小

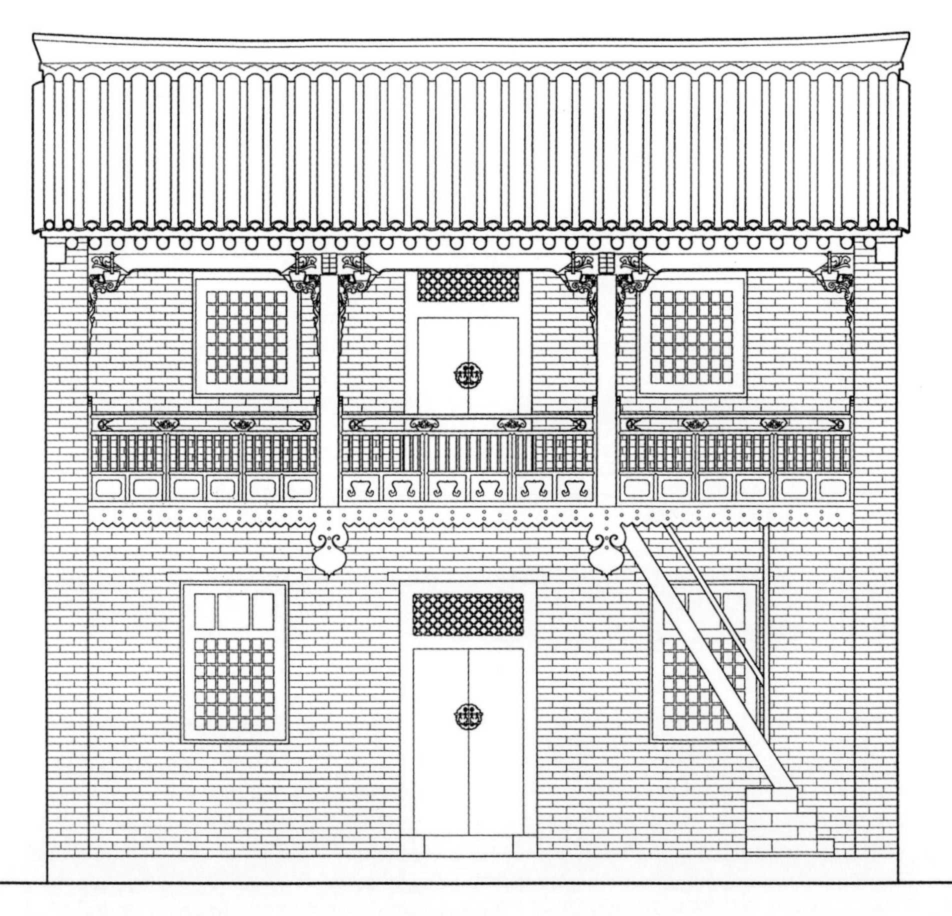

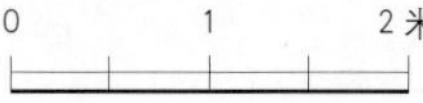

张鹏云大宅正房立面

张鹏云大宅大门立面

姓居住到城内来，如抬轿子的、办丧葬的、吹喇叭的、媒婆、稳婆，等等。于是北门外的三槐庄便成了小姓贱民集中居住之地。本来南城墙外没有住户，由于有了这项规定，南城墙之外被人称为南坡的地方，也逐渐成为小姓的居住区。

四、侍郎寨和黑沙坡

樊溪河东岸的侍郎寨和黑沙坡，均建在不高的冈阜上。侍郎寨居南，黑沙坡居北，中间隔着一条洪沟。侍郎寨早在宋代就已有人居住，明代末年一位范姓招讨官住在这里，为抵御农民军建起寨墙自成一体，叫“招讨寨”。清初顺治年间，郭峪村人刑部左侍郎张尔素把它买下，改称“侍郎寨”，重新修缮加固了寨墙。侍郎寨不大而四周城墙高大，有东、南、西三个门。城墙圈南北长约130米，东西宽约70米，总面积约在9000平方米。寨内建侍郎府，有主宅院、书房院、厨

郭峪村河东侧紧邻的是侍郎寨，因历史上出过侍郎得名　李秋香摄

侍郎寨的西面的小山坎称黑沙坡，这里有十几幢建筑也属郭峪村，住着陈姓及郭姓人家　林安权摄

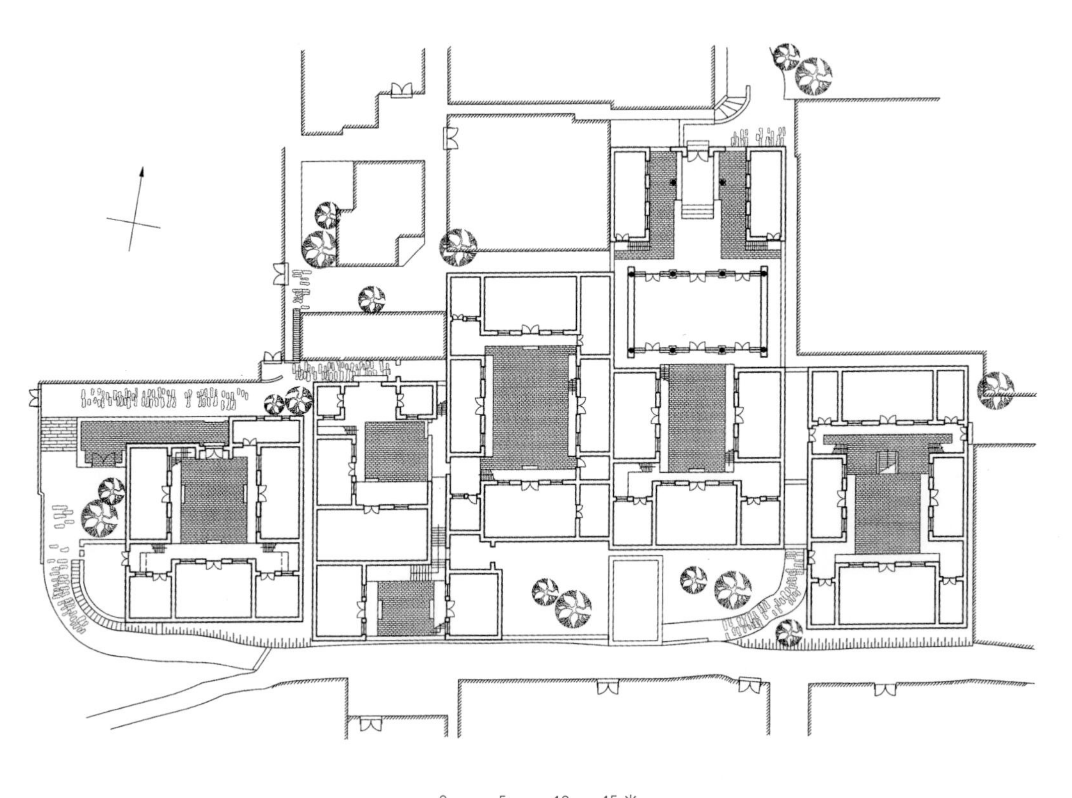

侍郎府平面

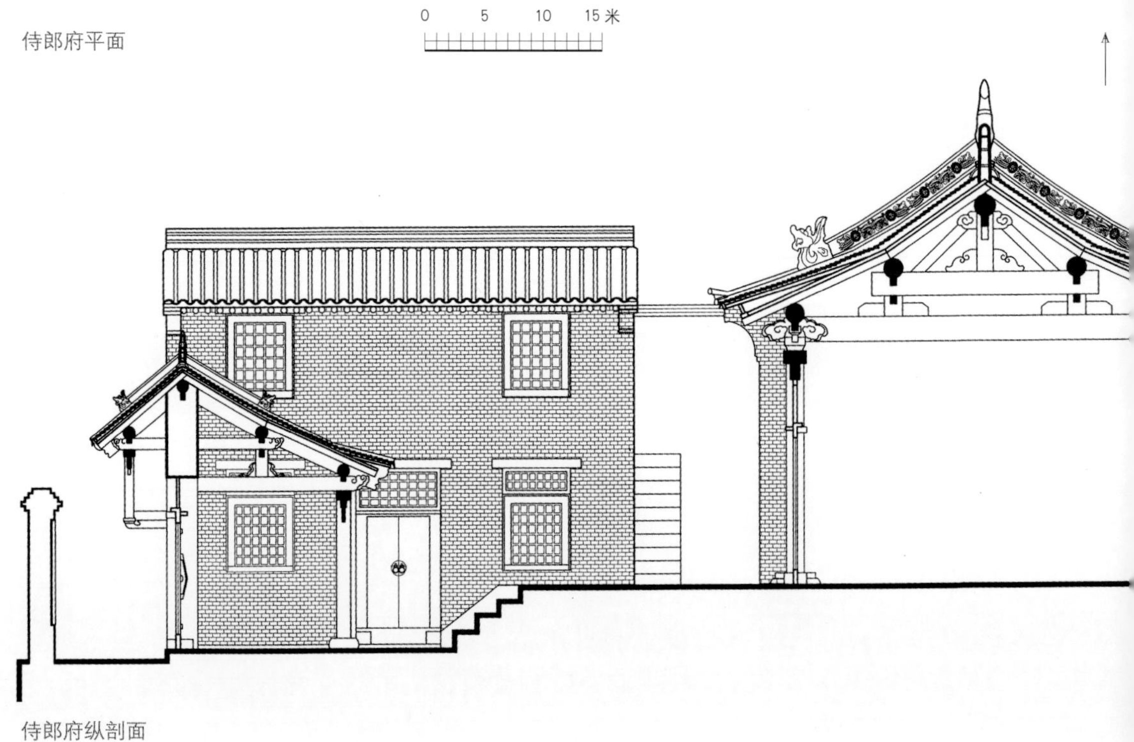

侍郎府纵剖面

房院等大小六个院落，还有张氏宗祠和关帝庙等。侍郎府的厨房院后来经变卖改为机房院，是个手工作坊，用蚕丝纺线制筛粉的细箩。侍郎府南的高处，又有三座老宅院，最南端一座“听其无逸”院，花梁下题字建于大清道光三年（1823年），主家姓蔡。侍郎府北的坡下又有两座宅院，东侧一座现在叫石家院，西侧一座叫张家院，又叫下机房院，也是一个手工作坊，专纺丝线。

由于寨子很小，只有两条路，一条进寨门沿西城墙上山达各宅院，另一条进寨门后先向东再顺山坡沿侍郎府东侧上到各宅。侍郎寨地形变化大，宅子高低错落，树木多，南门里还有一座花园，景色十分秀丽。清代末年，张姓家道中落，子孙们为生计所迫变卖了部分地产、房产。黑沙坡地段狭窄，明末以前仅有一两户居住，到清康熙年间，黄城村陈姓后裔陈纯迁入黑沙坡，这里才缓慢发展。直到四代之后，陈天池“贸易中州”

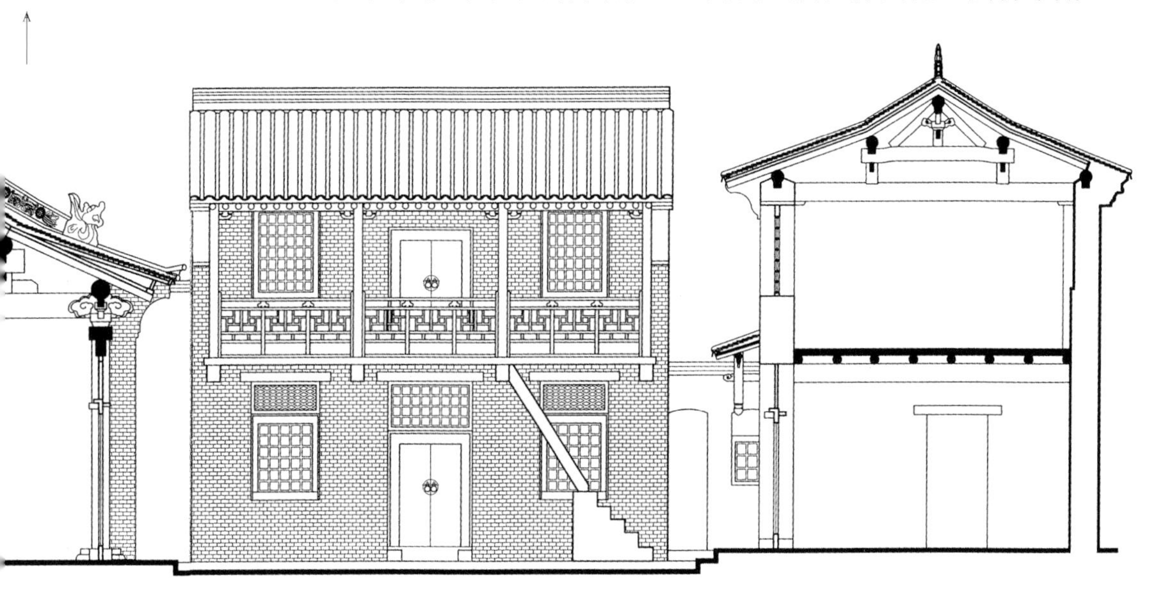

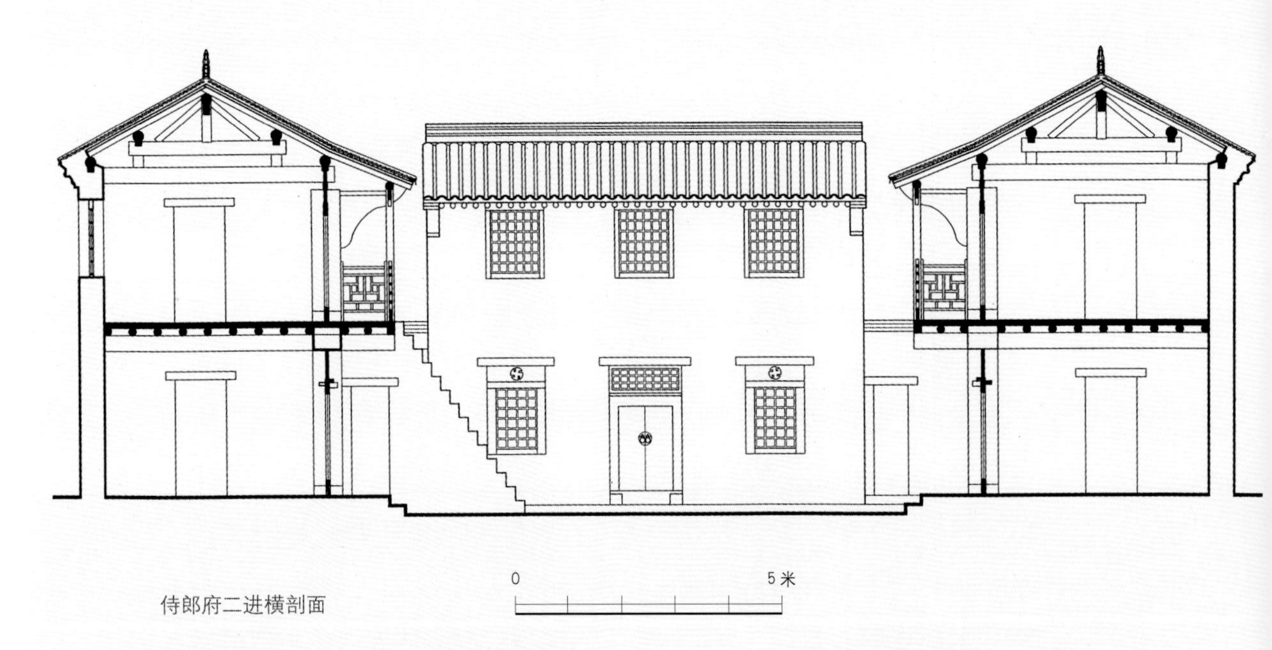

侍郎府二进横剖面

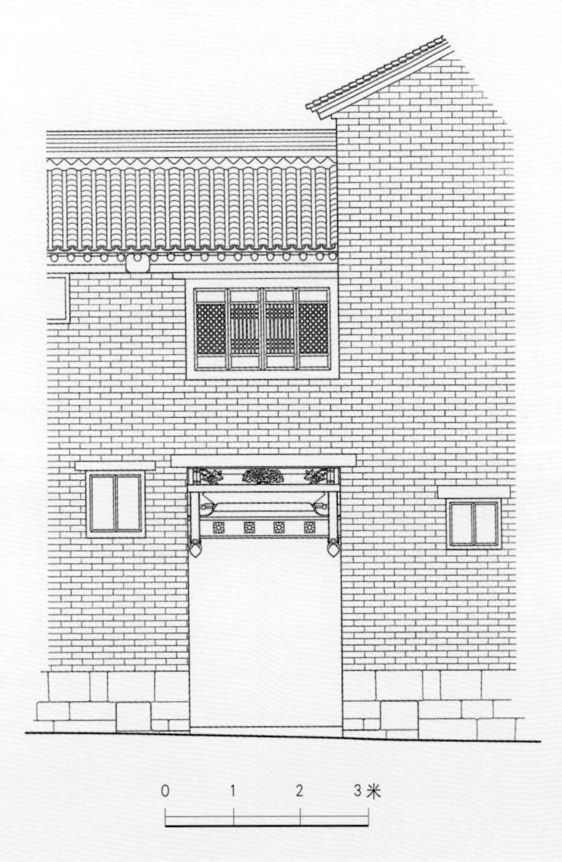

前街过街楼正立面

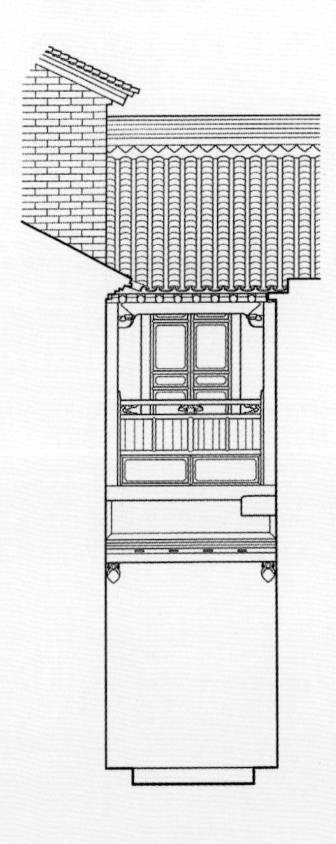

前街过街楼背立面

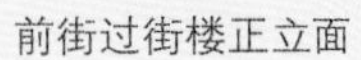

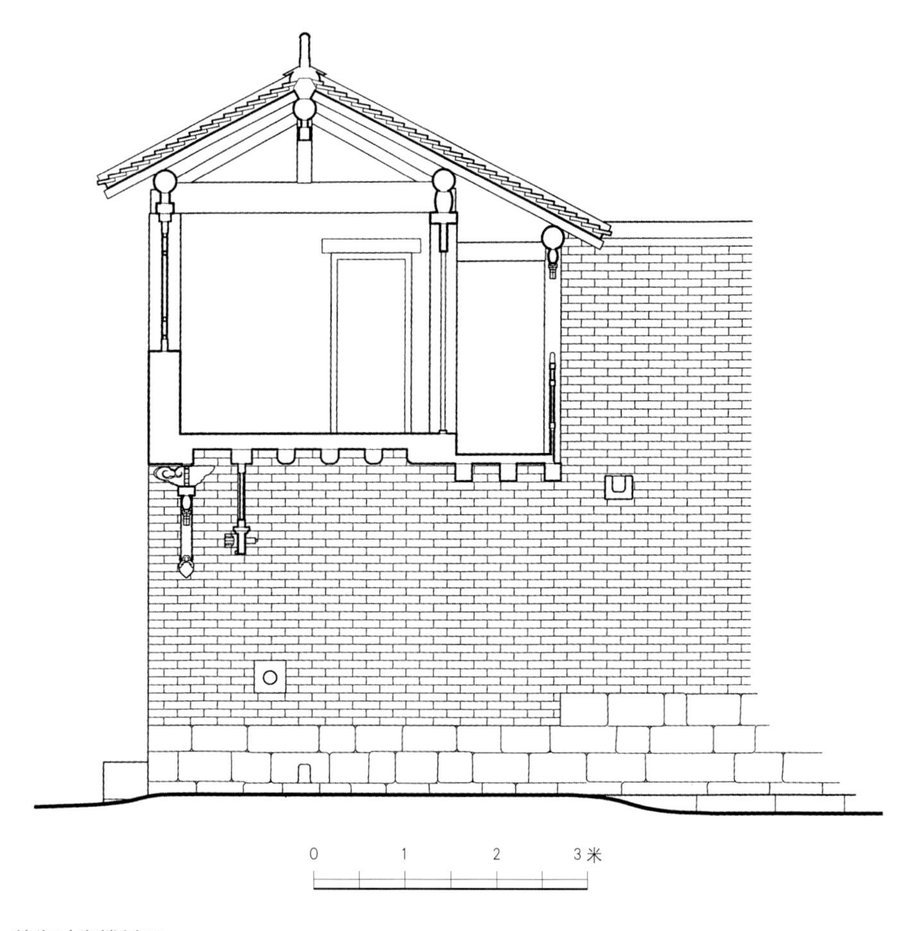

前街过街楼剖面

（据陈小际藏《陈氏家谱》手抄本所载）发了家，子孙们便在黑沙坡的东南建起一组四合院，有一座巷门，门额上书“文玉巷”三个大字。据《陈氏家谱》载：“天池号景泉，学名玖，字文玉，巷即此名。”进巷内南侧第一进院门上书“有那居”三字，《陈氏家谱》载：“有那居系先祖别墅，灿又重修始居焉。”有那居的堂房花梁题迹为：“光绪二十八年，陈福灿率子培震重新创修。”巷内北侧两座四合院也为同时期所建。巷内东部原还有院落，可惜已毁。

文玉巷西北、黑沙坡中部还有一组老建筑群，现存宅院四座，其中三座为四合院，一座为三合院。这组建筑为卢姓所居，始建于清光绪年间。黑沙坡的卢姓与郭峪村城内的卢姓并不同宗。黑沙坡卢姓靠贩运布匹发财，特意建起一座书房院，聘请先生教子课读。这座书房院十分别致，小巧玲珑，体形活泼，而且小楼外向，老树蔽天，景观十分可爱。黑沙坡地形较破碎，至今都没有形成像样的街巷。

五、村子管理

郭峪村是个杂姓村落，大多数姓氏没有宗族组织，个别有宗族组织的，势力也很弱，因此房产、地产可以自由买卖。到了清代中叶以后，原有的以陈、王、张三大姓为主的住宅格局，出现了很大的变化。一些大姓开始衰落，而一些小户又发财致富，买得大姓的部分房产。现在郭峪村的上范家院与下范家院两户住宅，均是原陈姓所有。现在前街的谭家院本来也是陈姓的房产。村中流传着一则故事：谭家院，一连三院，原叫陈甲院，房产卖给了谭姓之后，人们仍惯称它为陈甲院，谭家老太太想了一个法子，她把村里的孩子招来，每人给几个铜钱，告诉孩子们，以后不再叫陈甲院，叫谭家院，谭家就会买糖给他们吃，孩子们当然乐意，于是随着孩子们的口顺，“陈甲院”就变成了“谭家院”了。[①]其他以张姓、王姓为主的两个住宅区内也有类似的事，以至于现在很难弄清原居住区内到底有多少大姓住宅了。

郭峪村的布局，还扩及四周的山川。相度地形，点缀些寺庙、亭台和塔，不但使景观丰富优美，而且赋予山川浓郁的人文气息，从而把村落和自然融为一体。樊溪河西岸从村北起有山神庙、三大士殿、西山庙、马王爷庙、虫王庙等。樊溪河东岸山上的庙宇主要集中在苍龙岭和松山，有药王庙、白云观、庵后庙，还有文昌阁、文峰塔。与文峰塔相对，在村落的塌城口外侧也建了一座塔，专为镇河之用。庙宇都按老百姓生产生活所需而建，以“求一方之神，消一方之

① 见《郭峪村志》，赵振华、赵铁纪主编，1992年5月出版。

村内豫楼是村民的避难所。一旦出现紧急情况，楼内可容纳全村人避难，楼内有粮食、水井、灶台，还有通向村外的地道　林安权摄

正对郭峪村东城门是樊山，山上曾建有文昌阁和文峰塔，历史上郭峪出了不少文人。后来文峰塔及文昌阁被毁，风水景观破坏，连文化人也少了。近年郭峪集全村之力再次复建起阁与塔　林安权摄

灾，兴一方之人”，十分实用。可惜这些庙宇、塔阁现已毁坏，仅存部分基址了。

从明代到清代，郭峪村由里社来管理。社是乡村中较低一层的行政管理机构。民国六年（1917年）以前，郭峪村城内称为“郭峪村”大社。它由十几个人组成“本班”管理。本班内人员称“社首”，领头的称“老社”。社首由全体成年男性村民推举产生，清中叶前，一年选一次，以后改为三年选一次。社首要选有威望、人品正、有文化及一定经济实力的人担任。如明代末年，人称“活财神”的王重新就曾连任几届社首，他为村中公益事业捐资，建城墙、建豫楼、修庙，做了许多好事实事，深受村人的夸赞。

为便于管理，清代郭峪村本村内按张、王、陈三片住宅区划分为三个坊：南沟一片因靠近魁星阁称“魁阁坊”；前街以西至汤帝庙一区因有文庙称为“大成坊”；前街以东的王姓住宅区称“阳火坊”，定名的依据不清楚，或许是因为靠东而且它以东已没有什么房子。侍郎寨和黑沙坡合为一坊，称“文章坊”。黄城为一坊，称“世德坊”。每坊根据人口的多少，由三至五个社首来管理。民国六年（1917年）以后，坊改为闾，城内分成五个闾，城外侍郎寨、黑沙坡及北沟各为一闾，依旧由郭峪村社来管理。

社有一定的经济实力，有地产、房产、庙产，附近的山场就是社的公产。修建城墙时，造了几百孔城窑，这些城窑的所有权归社，出租城窑的租金为社中公用。此后不久，村中又建起一座七层高的豫楼，自然也是归社所有。郭峪村内及四周山上有不少庙宇，其中几座较大的均有庙产。如村内的汤帝庙至少有十几亩土地，文庙至少有近十亩土地。村外原西山庙、白云观（又称石山庙）都有二三十亩土地。庙中有和尚或道士，有住持和道长。由于这些庙最初由村中百姓集资捐地，由社来组

从村落的住宅内即可看到环绕的山峦秀景
林安权摄

织建造，因此庙里每年要上缴一部分谷物给社，不过仍旧存放在各庙中，遇有重大的活动，才由社取用。

郭峪村中的宗族势力很弱，只有卫姓和范姓及侍郎寨张姓有小小的宗祠，但起不到组织管理作用。据卫姓后代们讲，清末由于卫姓多在外经商，在阳城城里开糕饼铺、药铺、模具铺等，留在村中的人很少，虽在南沟有宗祠，却只在腊月三十才合族到宗祠中祭拜一次。祠堂小，男人一拨，女人一拨，供上祭品，焚香磕头，此外再无任何活动。为应酬每年这一次的祭祀费用，祠堂下有不到十亩地，由族中各家轮流耕种，租子用作祭费。村子前街还有一间铺面属卫氏祠堂的祠产，收入用作祠堂的修缮和管理等事。到民国年间，卫姓在村中仅剩十几个人，祠堂倒塌了一部分也无力再修，每年的祭祖活动便停止了。现在卫姓人口又上升到四十余人，祠堂稍经修缮。村中的范家到清末买了陈家的一幢宅子，就位于丁字路口现陈家大院的北侧，利用宅中的一个侧院作为范家宗祠，到1947年土地改革，范氏宗祠才停止了一年一次的祭祀活动。侍郎寨张姓祠堂已经没有了踪迹。

第四章 居住建筑

一、住宅形制

二、住宅主要部分的组成与使用

安樂居

明代以来，阳城许多村落，官宦累世，更有商贾大户，因此他们所修建的房屋十分讲究。清同治《阳城县志·阳城白巷里免城役记》中载："尝窃观明之盛时，往往为其臣出官帑治居第，高檐巨桷，彤髹雕焕。"这白巷里内的上庄，曾有王国光为明万历时吏部尚书加太子太保，中庄和下庄也有名宦，所以上庄、中庄、下庄的房屋至今还巍然可观。

现在，郭峪村保存较好的古老住宅近四十幢，其中明代住宅十几幢，清代住宅二十幢。尽管宅子历经几百年的风霜战乱，有些已破损，有些已倒塌，但仍可从那砌筑得挺拔的磨砖对缝的高墙，气势不凡的一幢幢宏丽的门楼，粗壮的梁架以及各类雕饰细巧和手艺高超的木雕、石雕、砖雕中看到当年辉煌的印迹。这些大宅的建设者，大多是明末清初有功名的人，有一位是明末蓟北巡抚张鹏云，他在南沟街的住宅有可能和三庄的官宦之家一样，也是用官帑建造的。

一、住宅形制

由于经济条件较好，郭峪村的住宅大都采用砖木结构，这类房子一种为全部砖墙参加承重，另一类全以木材为承重构件。承重的墙，墙体很厚，通常均在70厘米左右。为节约用砖，墙的内、外皮用好砖砌上一层，有的全部采用顺向砌法，有的隔行改为一顺一丁或三顺一丁的砌法，内部则填入碎砖及黄泥。为了墙体结实牢固，有些高大的建筑还在墙内砌上小木竿，使内、外皮砖墙相互拉结。由于外表为整齐美观的砖墙面，人们便称这种做法为“砖包房”。采用木柱承重的建筑，砖墙多为空斗墙，包住木柱，外面看不到木柱。不论砖包房还是木材承重，建筑上部均为抬梁式木结构，用排架组成若干间单体房屋。

住宅的基本形制是内院式的，由三幢或四幢三开间的单体房屋围合成三合院或四合院。院落大多坐北朝南。

一般的住宅由三部分构成，一是主宅院，二是附属院，三是花园或菜园。

主宅院是家庭主要成员居住的院落。为招待宾客，院中常建有厅房，兼作主人的书房。有的讲究气派，则专设厅房院、书房院，所以主宅院可能包含两座甚至三座院落。如前街东侧的“恩进士”王维时住宅，东西两座四合院并列，东院为屋主家庭居住，西院为待客用，两院相通。王维时宅还另辟第三个院为书房院，位置在前街西侧，比较宁静。

附属院包括厨房院、马房院等，位于主宅院的左右或背后，有自己独立的大门，也有与主宅院相连的小门。许多老宅都有园地，种花或种菜，地段很不规整，有的是剩余的房基地，有的专门占一块适宜的地段，并不都与住宅相连。位于东门内上街北侧的“西院”，据说最早为黄城村陈廷敬家大管家安三泰的住

郭峪村高水门位置住宅　李秋香摄

居住区密集有序的住宅群　林安权摄

宅，马房院就在主宅院的东侧，中间隔一条小巷。而花园位于主宅院的西侧，紧连主宅院，有门相通。花园的北侧另有书房院。

1.四合院和三合院

四合院是郭峪村及其附近村落中运用最多的一种住宅空间形制，即中间为院落，四面建房子。为取得好的朝向，院子大多坐北朝南，北房为正房，当地称上房（或堂房）。上房为三开间，二层或三层楼，底层一明两暗，当心间开门，左、右次间为槛窗。东、西厢房也是三开间，一明两暗。倒座房与上房相对，三开间。厢房与倒座都是两层。上房、厢房、倒座的楼层都有前檐廊，以悬臂梁从下层挑出，底层并无檐柱。多数住宅四面楼层的前檐廊不连接，少数连接成跑马廊。紧靠南沟东头北岸的徐姓四合院住宅，因房基窄小，只建起三面房，而在西侧贴院墙建起挑廊，与其他三面的廊子围成一圈。

左、右厢房的前檐均在上房

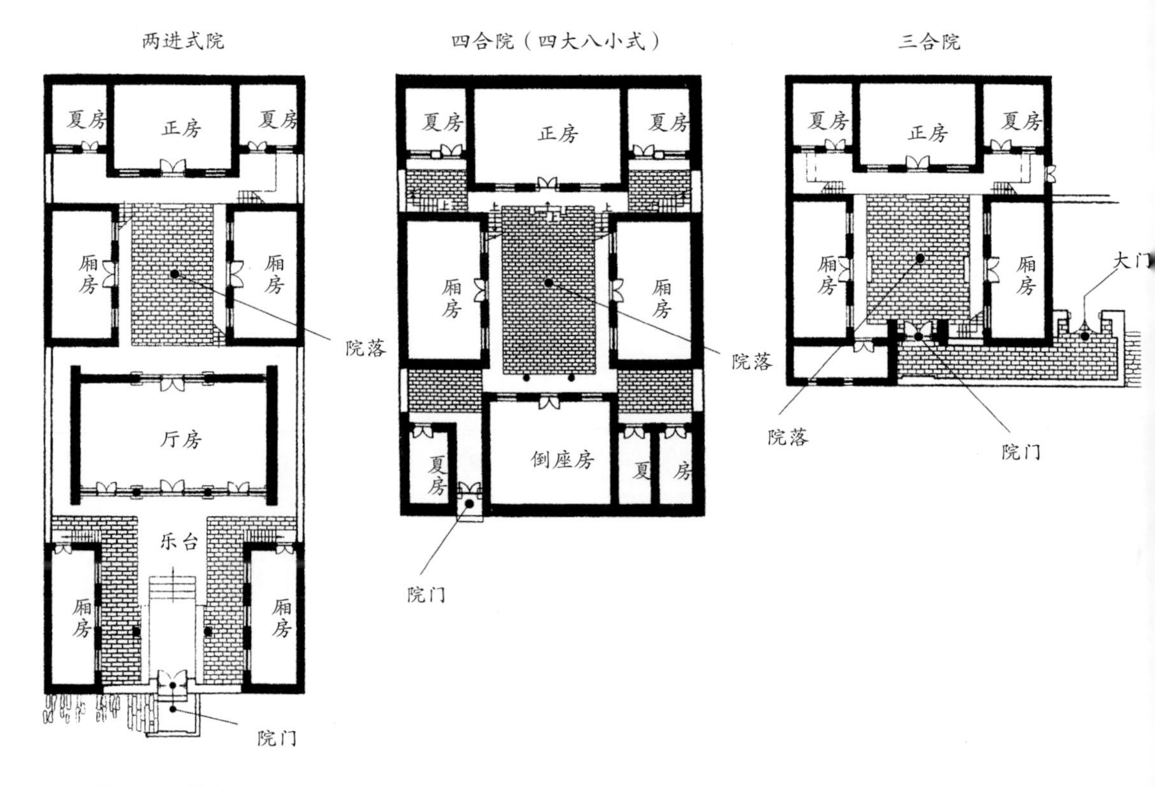

郭峪村住宅平面基本形制图，在这几种形制中还可以组合出不同的平面形式

这是润城镇砥洎城村的风水楼。四合院住宅中，在东南角上常建有明显的楼，称“望楼”。一是满足居住风水要求，二是作防御瞭望之用　李秋香摄

及倒座房两侧山墙之外，而且上房及倒座的前檐又在厢房山墙外1—1.5米的距离，以至院落面积有100多平方米。在上房和倒座房的两端，又各建两小间耳房，称为“厦房”。这种形式的平面称为“四大八小”，即四幢大房为“四大”，八间耳房为“八小”。倒座房东端的厦房中有一间做大门。有些住宅因地段所限，厢房及倒座房进深缩小，四角只各建一小间厦房，凑成“四大四小”，称为“紧四合”。

上房的楼梯设在厦房内，有木楼梯，也有砖石砌筑的。左、右厢房及倒座房在次间与前檐墙平行做楼梯登上前檐廊，都是木楼梯，有的最下三五步用砖石砌，凡楼上的前檐廊四周能交圈走通的，倒座房一般不再做楼梯。

厦房的层高低于上房很多，所以总高度相等而楼层比上房多一层，通常上房二层，则厦房为三层，上房为三层，则厦房为四层。有些住宅，上房有一侧厦房高出上房之上一两层，叫“风水楼”，为的是挡住“北煞”，顶层里供奉“老爷”（即狐仙）。它们或左或右的位置和高度由风水堪舆决定。这些楼造成住宅轮廓的变化，大大活泼了村子的景观。

风水术还按照“大游年法”，根据住宅的朝向和大门的位置，定出四合院中的“上位”，即“吉星”所在的那一间房子。在它的上房屋顶上立“吉星石”，或称“福星”，使“上位”在宅内为最高点。但“吉星石”高度的计算为“一砖高一丈，一瓦高一尺”，是个象征性的处理。

四合院虽是独家居住的理想住宅，但小户人家建一幢四合院并不容易，于是有几户不同姓氏的人凑钱合建。在郭峪村内东北部叫“塌城口”的处所，就有两个这样的大院，由赵、卢、郭、王等八户人家合力建造，房产分归各家，就是一个大杂院。

三合院因平面形式如簸箕，

这是距郭峪村三公里的上庄村的风水楼
李秋香摄

郭峪村住宅，在厦房位置常建有风水楼，高度虽不明显，但内部供奉着“老爷”的神位，也就是“狐仙” 李秋香摄

住宅有大四合与小四合，形制规整，这是两层的大四合院落 李秋香摄

四合院正房与厢房 李秋香摄

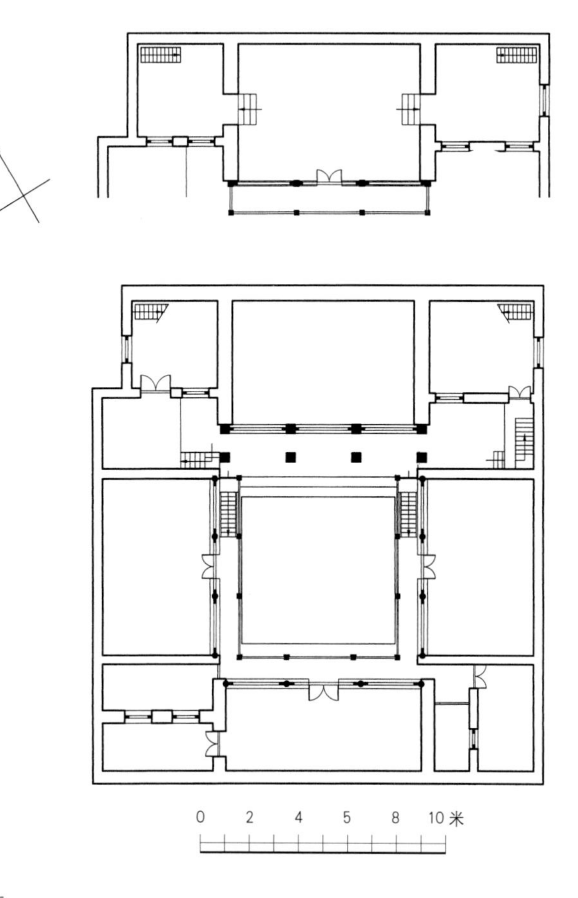

西院住宅二层平面

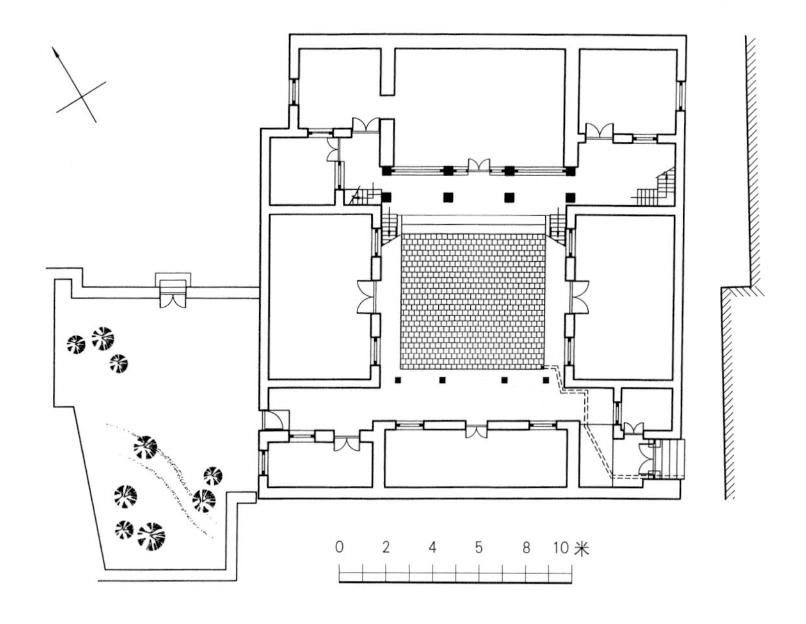

西院住宅一层平面，郭峪村典型四合院

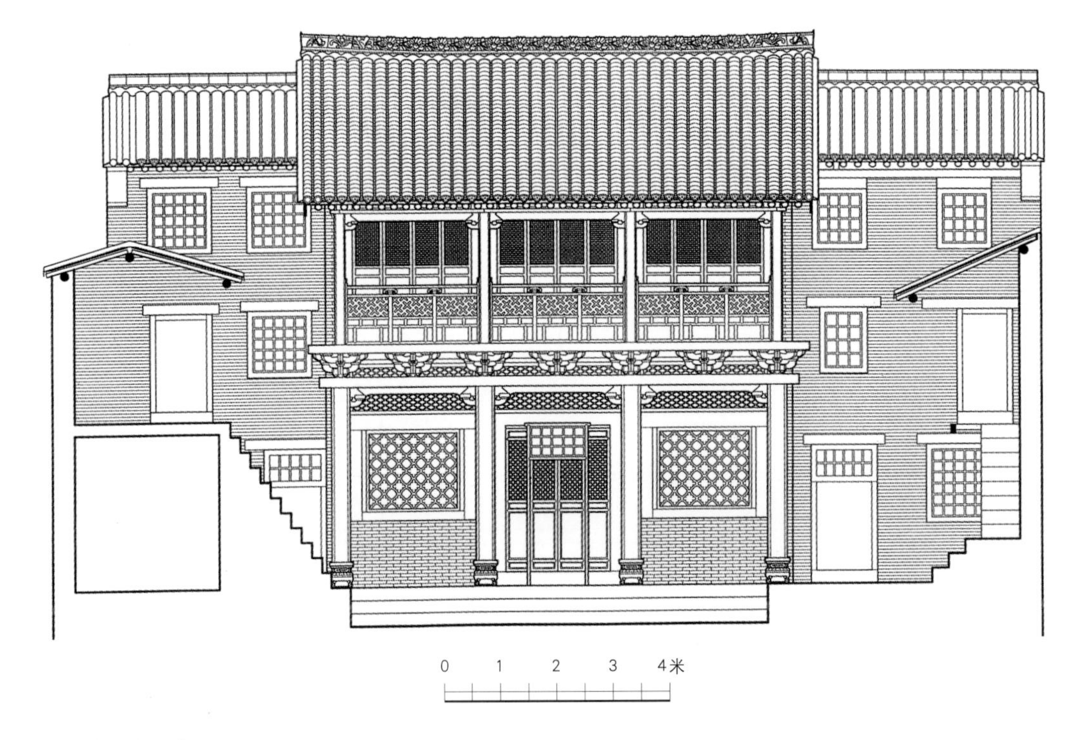

西院住宅正房立面

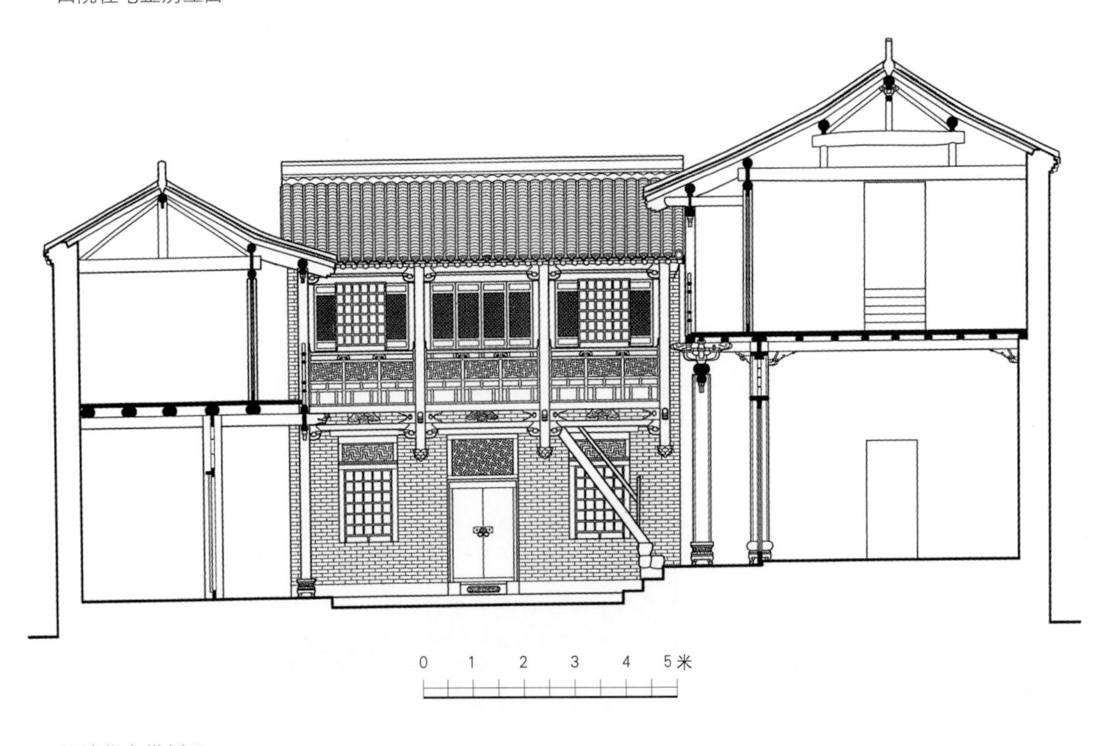

西院住宅纵剖面

又被称为“簸箕院”。郭峪村只有两幢独立的三合院：一幢位于南沟西头的南侧，原是柴姓的阴阳先生的宅子，门前有影壁；另一座是位于侍郎寨的“槐荫”院，因院前有一带透空的花格墙，又被称为“花墙院”。

2.前后进式住宅

较大的住宅有前后两进院，各有上房和厢房。前进院没有倒座房，前墙正中为大门。通常在大门前还要建一个前院，前院的门开在院子的一边，不与大门直对，如张鹏云的大宅便是这种做法，前院窄小，宽度只相当于一个普通巷道。前街上的谭家院，当地称为“一连三院式”，在大门前又建起一个有两厢房和倒座房的前院。厢房与倒座房均为箍窑房，即砖砌的拱窑，与正规院落房的等级相差很大。

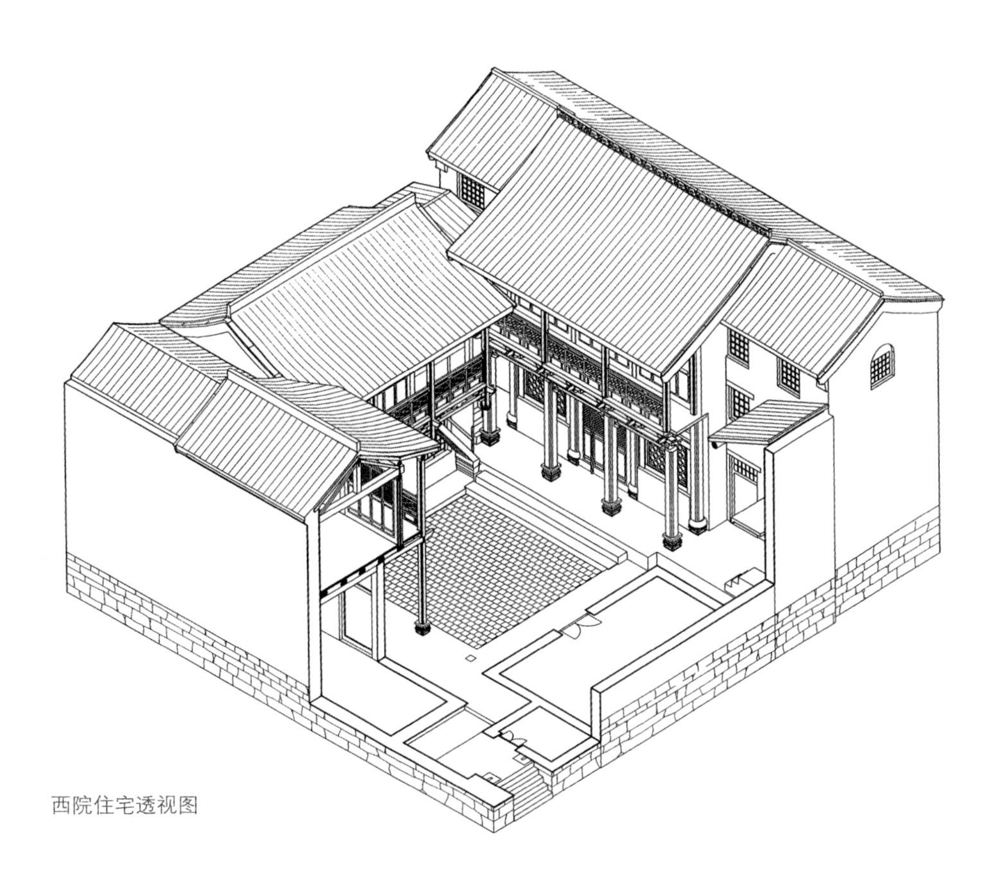

西院住宅透视图

西院住宅厢房开间立面

前后进式住宅，第一进院上房为接待和礼仪性的厅房，单层，第二进院上房为二层或三层楼房，形成前厅后楼的格局。厅房为穿过式，也称“过厅”，后壁正中有门通后院。一般厅房及它的厢房均出前檐廊。厅房用斗栱，饰彩绘，规格比后院上房高。有些厅房和过厅前有月台，如侍郎寨的侍郎府。

郭峪村曾有七幢前后进式住宅，可惜大都损毁，现在还剩三幢保存完好，两幢仅剩前进，一幢已无厅房。①

3.群组式住宅

有一些大型住宅由几个院落组成，这些院落的空间形制和功能有的近似，有的差别很大。群组式的住宅大致有三种。

其一，不考虑分居的。中国传统社会里，虽然大多数家庭代代析居，但也有四世或五世同堂的，

① 三幢完好的是容安斋并列两幢和陈家“老宅”（位于北门内前街西侧、“西都世泽”南侧，相传陈廷敬的母亲曾在此居住）。

并因此受到表彰。郭峪村的张、陈、王三姓仕宦大户都是几世同堂。如张鹏云的老宅院，曾是一组六个院落组合的住宅群，除了三个主要用于居住的院落，还有专给未出嫁女儿住的小姐院，待客的厅房院，厨房院，还有用于储藏和给伙计住的杂务院，以及菜园兼花园等。院子因不同的使用而等级不同，大小不同，但均为四合院或三合院。三合院是全宅的外院，即待客的厅房院，它没有倒座房，而在正中开全宅的大门。为了方便，各院还有独立的外门，相互间有小门相通。

其二，考虑分居的。商人大户，财盈资丰，为将来后人分家方便，大宅由若干个相似的单元组成。如位于窦家巷北侧的窦家大院，将四幢四合院住宅组成紧凑的“田”字形平面，每幢住宅大小相当，布局一致。有一条前后纵向巷道将它们分割成左右两部分，每侧前后两院，都向巷道开门，院之间有相通的小门。这布局很像一副象棋盘，叫“棋盘院”。巷道如楚河汉界被称为“河”。棋盘院四周方正，外墙高大封闭，一旦遇有紧急情况，可关闭巷道大门躲入宅中。可惜窦家大院已毁，仅剩其中一个院落。位于前街和上街丁字路口的陈经正老宅，原也是棋盘院，大格局目前还在，但房屋本身已被拆改很多，面目全非了。阳城这种棋盘院很普遍，如郭峪村东五公里的西封村，有一座保存完好的棋盘院。这座院落是西封村贾家兄弟在清康熙年间经商发财后建造的。

其三，商人们成年在外，南来北往，见识较多，他们见到南方清新幽雅、秀丽别致的小花园，便有意学习，将一些做法移到自家宅院中来，建起园林式的住宅。

郭峪村的北门外，有些老房子，靠村有三棵大槐树，便称为“三槐庄”。这里有一处陈家花园，与城墙隔北沟相对，建在由北门到樊溪河河滩的陡坡上。居住部分在坡上部，院内有居室，待客及日常休闲的轩厅，家中的书房，望景廊、眺台及厨房等，俗称“上花园”，大门已毁，二门门额为“麟图衍庆”，“岁次已未蒲月初三日题”。坡下，靠河滩是以树木花卉为主的园地，俗称“下花园”。花园隔樊溪河对着苍翠秀美的松山，园门题额“拱翠园”。上、下花园地势高差很大，有层层错落的台阶转折上下。村人传说，花园的书房最早是陈廷敬的曾孙陈法于建造的。陈法于（1706—?），字金门。他身材矮小，口微吃，由于身有缺陷，从小在家学习，长大不应科举，却博学多才，“非买书览胜足不入城市，有古隐君子之风”（见《黄城陈氏诗人遗

住宅的二层多做出挑的廊子，上下楼均用外侧楼梯　林安权摄

住宅也有采用发券结构的箍窑式建造的　李秋香摄

集》)。虽然没有任何直接的文字资料可证这花园书房确为陈法于所建，但他的《山居》一诗所描写的景色，却很像陈家花园：

东山山色佳，
高楼面山起。
凭栏一以眺，
日暮山青紫。
樊水东北来，
浩浩流无止。
时复开卷吟，
吟亦徒尔尔。
王屋去匪遥，
一访烟萝子。[①]

面对松山，凭栏远眺，只有在上、下花园才可以。据老人们讲，陈家平时居住在上花园内，夏季为凉爽到临溪的下花园居住。下花园内原有鱼池、假山、水塘、葡萄架，有桂花树、枣树、柿树，还专辟一个花圃，种蔬菜、花卉和一部分药材供给家

① 见《黄城陈氏诗人遗集》，马甫平编校，山西古籍出版社1998年9月出版。

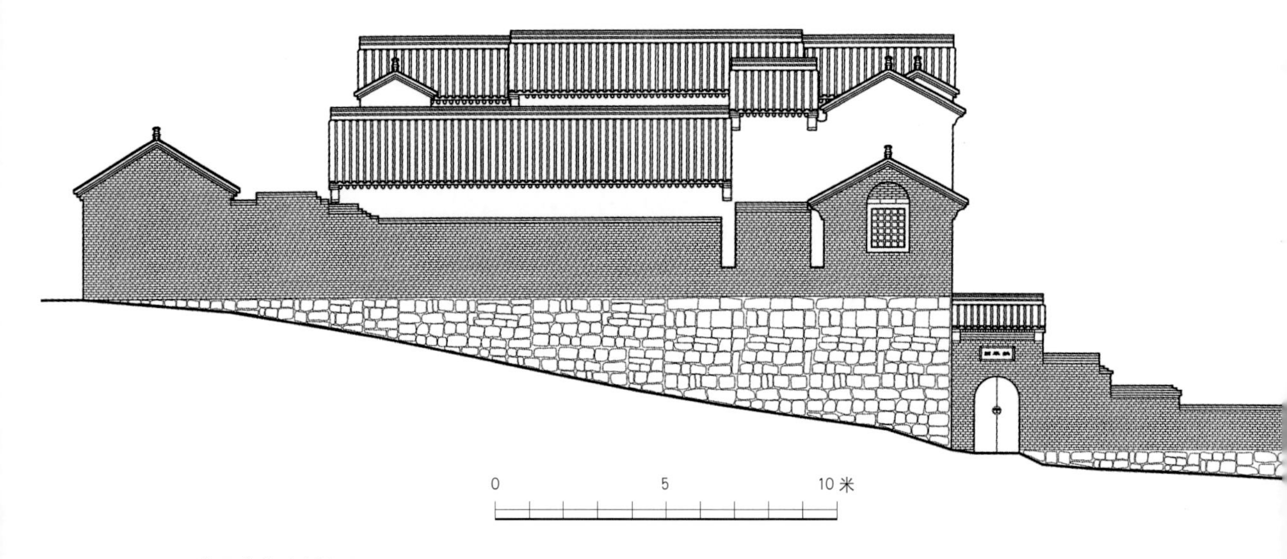

下花园住宅南侧立面

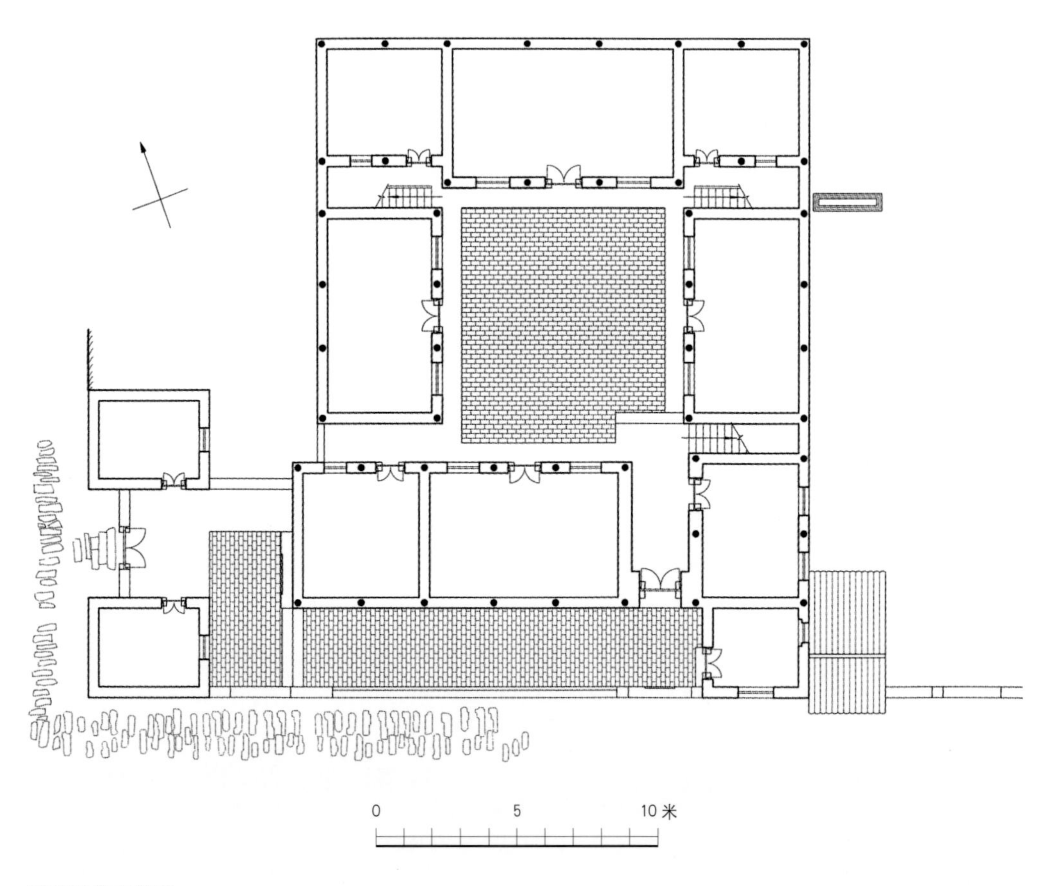

下花园住宅平面

用。这里坐对松山，满目秀丽，临溪听泉，陶冶性情，是一处居住、休闲、观景的佳地。上花园住宅东立面造型活泼，变化丰富，向东开外窗，有很强的装饰性和构图美。

侍郎寨也是一个花园式建筑群。据现在仍住在侍郎寨的张天顺（1921年生）[①]回忆，当年侍郎寨的西寨门建在山坡西北角的樊溪河东岸，进入寨门先要从溪边曲折弯转踏上约3米高的层层石阶。寨门是个高大的木牌楼门，左右一对石狮，门额上题有“山环水绕”四个大字。木牌楼门背后紧靠城墙，相对的是券形城门洞。进入城门，有约20米长的曲折的爬山廊，将人引到侍郎府下的四合院，然后从院的侧门出来，折转进到侍郎府。侍郎府有六座大院，它们南面还曾有张氏宗祠和一座尼姑庵，后改成关帝庙。这里地段较宽，原建有花园，种植花草树木，有清泉活水常年流淌，景色幽雅。

① 张天顺为张尔素第六代孙。

二、住宅主要部分的组成与使用

1.上房

院落中坐北朝南的上房是整个住宅中最好的部分。上房一般为二层，比厢房和倒座房都高。三开间的大通间，不做隔断，称为“四梁八柱”。底层除了居住外，还放置礼仪性的“中堂”，所以又叫“堂房”。堂房也是全家团聚和议事的场所，建造等级最高。阳城四乡有一句民谣：“有钱住堂房，冬暖夏天凉。”堂房由家中长辈带着未成年子女居住，成年子女一般住厢房及倒座房。二层作贮藏之用，人口多了，也可住人。有些上房建成三层，当地称“三节楼”，第三层用来瞭望、观景或夏季乘凉，也有当作读书之所使用的。

中堂大多设在堂房后墙正中，少数靠东山墙。它是一组礼仪性的陈设。墙上挂中堂画，两侧有对联，前面放条案一张，案前有八仙桌，左右各放一把椅

传统住宅的堂屋的中堂布置和摆设　李秋香摄

近些年，传统住宅的中堂中加进了许多新的内容　李秋香摄

子。长案上中间摆着镜屏，两侧多数有瓷瓶或帽筒。屏、镜谐音“平平静静”。村中大多数姓氏没有宗祠，上四代祖先牌位供奉在长子长孙家的堂房内，放在条案的右侧，左侧供“老爷”神位，“老爷”就是“狐仙”，前面置香烛。每年的大年初一早起，收起中堂画，挂上祖先像，家庭齐集堂房，祭拜先祖，焚香磕头，然后晚辈再拜长辈们。长子长孙家的堂房是一个家庭最重要的活动场所，起着小宗祠的作用。堂房为一家之主所居，长辈过世后，长子住进堂房，成为新的一代家长，承担起家庭的责任。

没有专用的厅房的住宅，客人来家，便请到堂房里就坐，休息喝茶。如需留客用餐，男主人陪客人在堂房八仙桌上吃饭，而家中的其他成员均在厨房，或一人盛一碗饭随便去吃了。

在堂房的两个次间，靠窗户，通常均盘一个大炕，炕边垒个炉台。炕内没有炕道，不与炉

一侧是火炕，一侧是灶台　李秋香摄

在炕上看孙子，唠家常，还可以做一些家务和简单的农活
林安权摄

为了安全，灶台与火炕之间会放置用青石构建的"挡火石"。虽是块简单的挡火石，人们会在上面凿刻出各种花纹，寄托他们对生活的美好愿望
李秋香摄

住宅内靠墙均是大炕，灶台与火炕一体，也有些家里房子宽敞，另辟一间为灶房。这是专门的厨房　林安权摄

台相通，称为“冷炕”。据说这种炕睡着不上火，又无阴风，妇女生孩子坐月子睡在炕上不会因有冷风得产后病。郭峪村一带均产优质无烟煤，炕边炉台既不用烟囱，也不做排烟道。冬季里，在炉台上做饭，炉火也给房子供暖。夏季将炉火熄了，在厦间做饭。妇女在家看孩子做家务，大都在炕上。为防止孩子睡觉时从炕上滚到炉边，炕与炉台之间有专用的挡火石。挡火石高约30厘米，长40—50厘米，厚3—10厘米不等。有些挡火石上雕动物及花卉纹样。室内温度不高，给幼儿压被子有专用的铁娃娃，铸铁的，大多为男孩形和女娃形，也有母抱子形的，长20厘米多一点，重3000—4000克。由于室内均用清水砖墙，不抹灰刷白，为了清洁，进而为了美观，沿炕边墙上贴炕围纸，高出炕面40—60厘米。纸上绘画，最常用的是蓝花纸和红花纸。

堂房为上房的底层，有的有前檐廊，有的没有。上房的二层通常都有出挑的木构前檐廊，三间通长。檐廊通常宽1—1.2米。有秀美的栏杆、栏板，在承托檐廊的出挑梁头上，装饰着几何、卷草等花式的拍风板或雁翅板。由于檐廊出挑轻盈，形式透剔，素木本色，装饰变化有致，与平实的灰砖墙面搭配在一起，显得活泼而丰富，再加上正脊通常用堆塑花卉的脊瓦，又有适当的华丽。

距郭峪村不远的上庄村一带，上房二层也有出挑的檐廊，但多数只在当心间前出挑，犹如一个小阳台，十分清秀。当地人传说，这种楼的形式是明万历皇帝赐给太子太保上庄村人王国光的，这显然是附会。更多的人说是到南方经商的人或为官者从南方学来的。在阳城的屯城村也建有这样的房子，它是明末南京吏部尚书张慎言在崇祯十三年（1640）所建。当他在南京任上接到在乡的儿子张履施“小筑告成”的消息后，兴奋之余，为新建的住宅题诗一首：

但索有窗皆映竹，
须教无槛不临花，
日洒空翠来湘箔，
篆袅青烟出绛纱。

江南建筑的风姿和韵味确实可能对阳城的建筑发生了影响。

位于下街北侧的“西院”，上房两层，一、二层均出前檐。一层的前檐柱与前金柱均为方形石柱，柱础为香炉座式。除柱头上有斗栱外，每间另有两组平身科斗栱，出一翘，上承大梁头及檐檩。二层前檐柱、前金柱较下层柱向外移出一个柱径。在前金柱位置，楼下当心间为四扇槅扇门，次间为曲线形斜格槛窗。楼上三间均为四扇槅扇门，并漆以朱红色。由于有高大的石柱，出挑的斗栱及雕饰华丽的栏杆，这幢建筑显得格外气派。厢房的规格与普通主宅院的厢房做法大致相同，倒座房也采用“四梁八柱”的做法，但前檐廊较窄，雕饰也较为简洁。由于安三泰为陈廷敬的管家，虽有势力钱财，却身份较低，故而这套雕梁画栋的大宅正脊不允许安置脊兽，为此全村只有这座大院为清水脊头，社会的等级分野很鲜明。

上房的另一种立面形式称为“镜面楼”。这种做法在阳城一带十分普遍，但郭峪村现仅存三幢。一幢是王维时老宅的上房，另一幢是“光怡世泽”院的上房，还有一幢是“耕心种德”，又称为“大院”的上房。镜面楼的特点是，整个建筑的立面为平实的砖墙，不出挑木构檐廊。一层中间有一个门，二层只在厚重的砖墙上开不大的天圆地方的窗，三层则开木槅扇窗，楼的立面整洁无装饰。由于楼的外形方整，人们又称这种形式的建筑为“一封书”。镜面楼比起有檐廊的房子有三大优点：第一是全部采用砖墙承重，节省木料；第二是防火；第三没有前檐廊遮挡，能改善屋内的采光及通风。但由于没有檐廊，镜面楼的立面形式显得呆板，不如有檐廊的轻快而富有对比变化。距郭峪村不远的

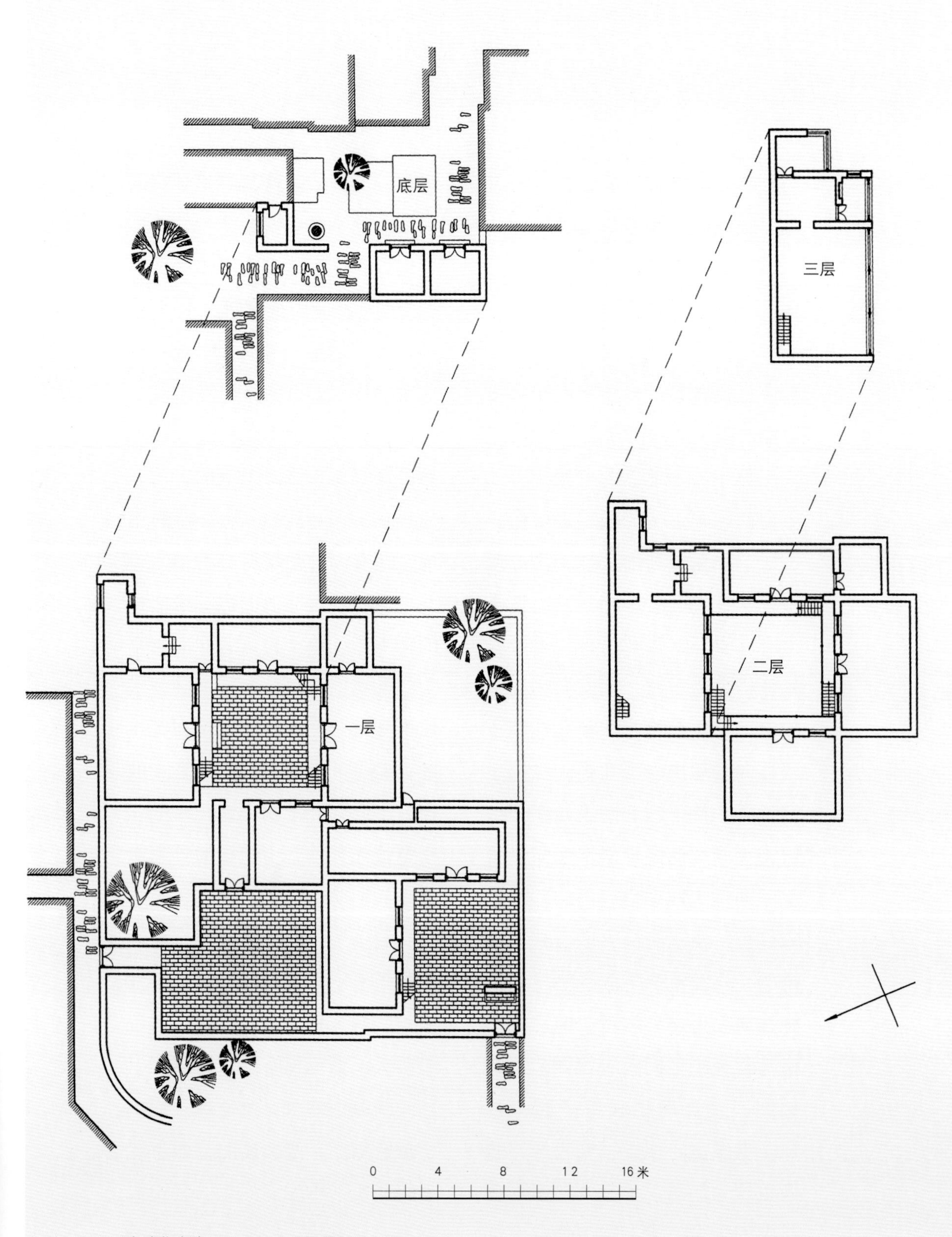

大院住宅底、一、二、三层平面

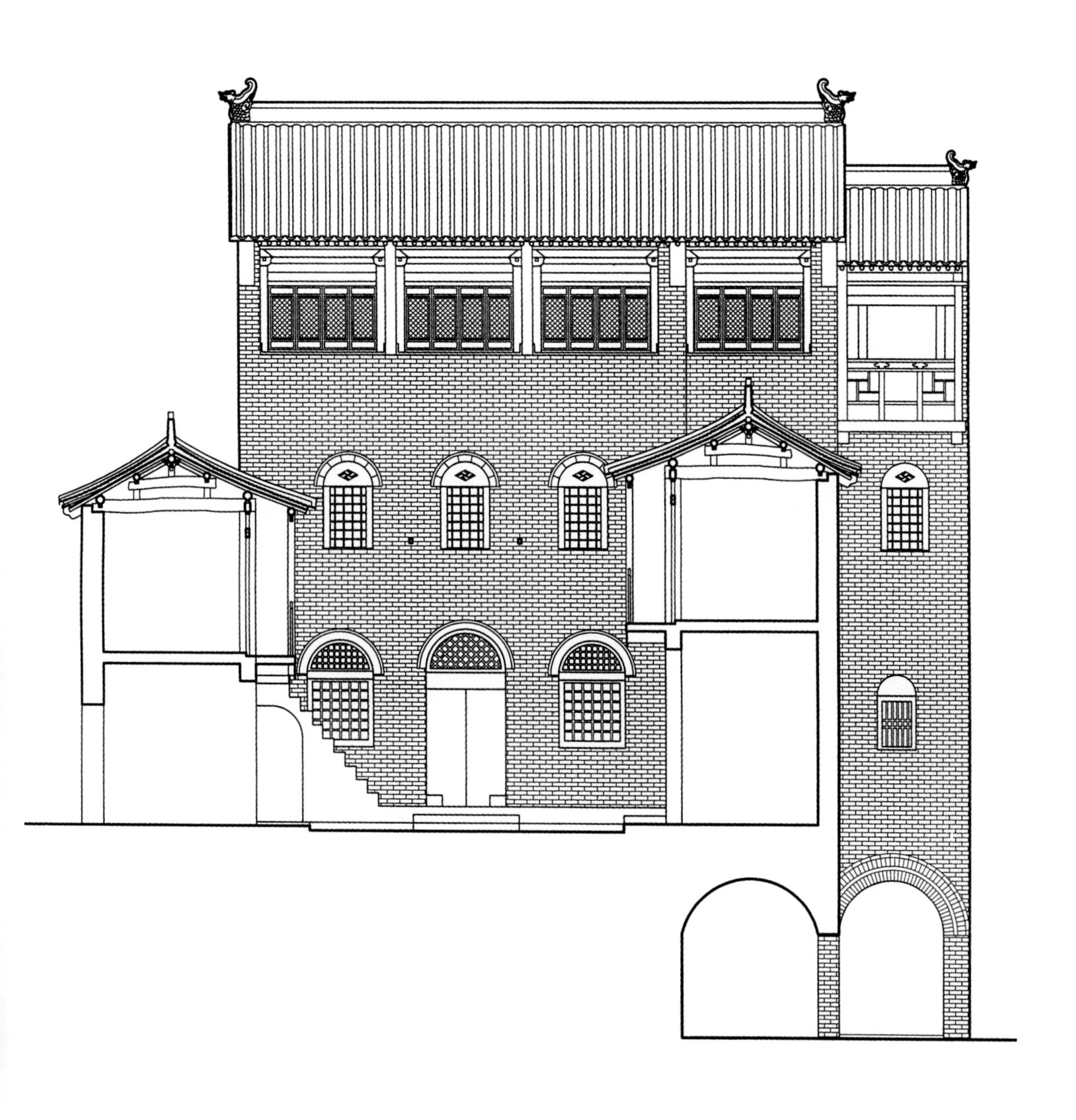

大院住宅正房立面及底层剖面

窑沟、西封、上庄等村，上房多做成镜面房，有二层的，更多是三层、四层的，高达十余米，楼前建有宽大的月台，使简洁的镜面楼显得格外雄浑庄严。

2.厅房院

在群组式大型住宅中，大多专建厅房院，接待宾客，一般均与主宅院并列。较富足的大户在生活上、生意上应酬很多，朋友客人往来纷繁，需要一处专门的场所，一方面避免干扰内眷，一方面显示自己的身份和地位。

厅房院有三合院和四合院两种。大型住宅的外院多为三合式的厅房院，前面是大门，厅房为上房，多数为单层，高度却与一般两层的楼房相同，由于下面有高大的基座，正脊要超出厢房不少。

厅房为三通间大厅，用当地称为“四梁八柱”的高规格做法，即三开间共四根大梁，八根柱子，这八根柱架起四根大梁，被称为“四梁八柱”。进深通常较大，多在5米左右，有前檐廊。面阔也较大，当心间最宽的可达5米，次间在3米以上。厅房用来招待宾客，要体面、气派，因此建造等级很高，用料粗壮，雕饰较多，采用斗栱，绘有彩画。郭峪村共有约10幢“四梁八柱”的厅房。例如现谭家院内的厅房，据说建于清道光年间，台基高90厘米。前檐廊宽1米左右，檐柱采用石质梅花柱，金柱为石质方柱。柱础采用高大的香炉座式，十分华丽。檐柱高约5.8米，柱顶上置木制大斗，斗上承托着如月梁形的木枋，其上又有横枋，横枋之上再设斗栱，每开间四组。斗栱尺度较大，出一翘。金柱上斗栱为一斗三升。当心间为四扇槅扇门，左、右次间也是四扇槅扇，中间两扇为门，其余两扇为窗。平时厅房只开当心间中央两扇槅扇门，有重大事情才打开全部槅扇门。不使用次间槅扇门时，在门扇外侧装上一个木屉，形如菱花窗子。

厅房通常在中央放长条几

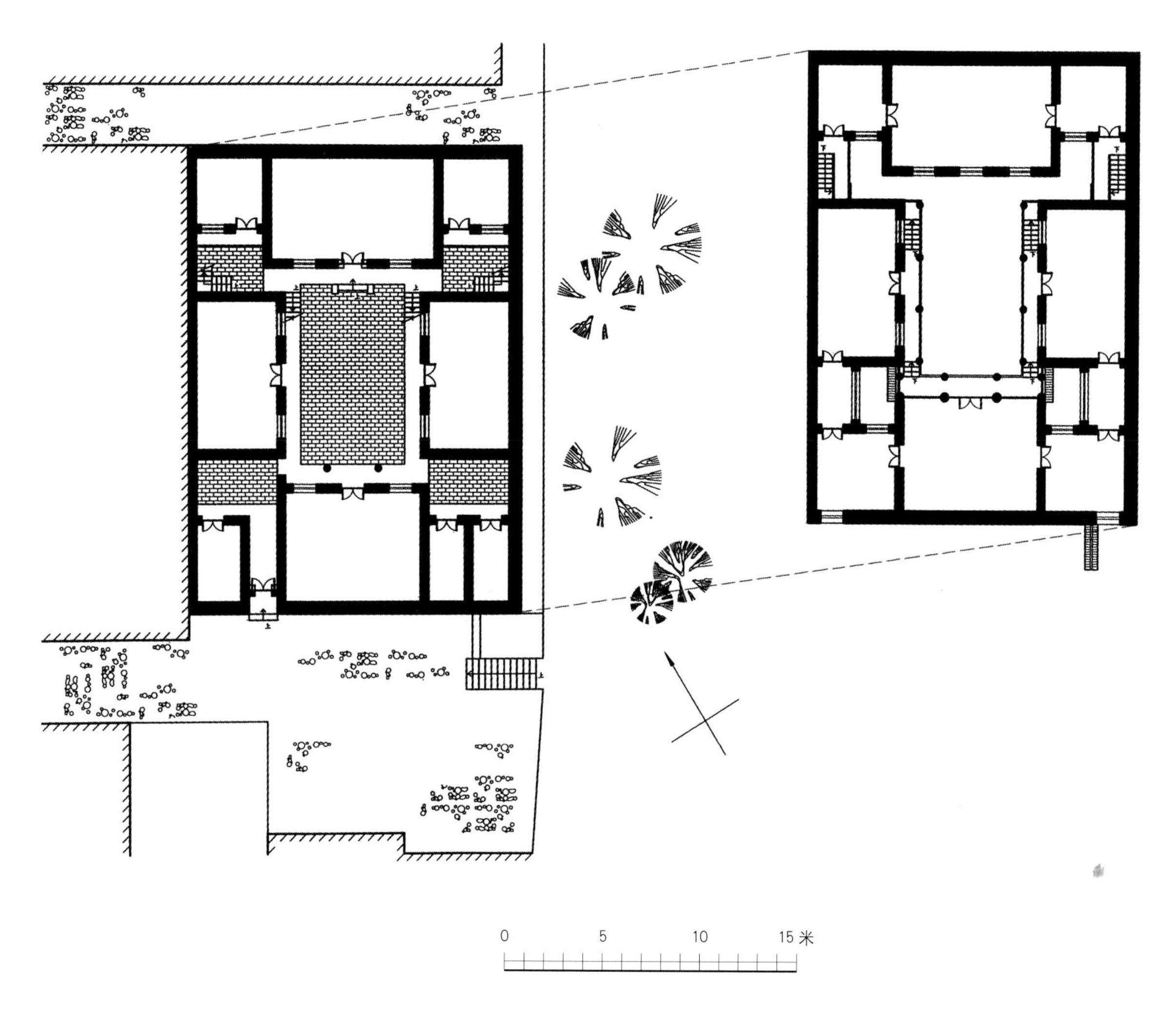

"光怡世泽"住宅一层、二层平面

和八仙桌，有的则在西侧次间靠山墙放置条几和八仙桌。条几上有镜屏、帽筒、古玩等各种摆设，条几之上的墙壁挂字画、对联等。八仙桌左右还有椅子。室内是清水砖墙，很朴素，但门窗和木柱子均漆以朱红色①，梁架及斗栱等木构件全部绘上亮丽鲜

① “四梁八柱”式的厅房，有些前檐柱及前金柱均为木柱，也有些前檐柱为石柱，采用石头本色，前金柱为木柱。

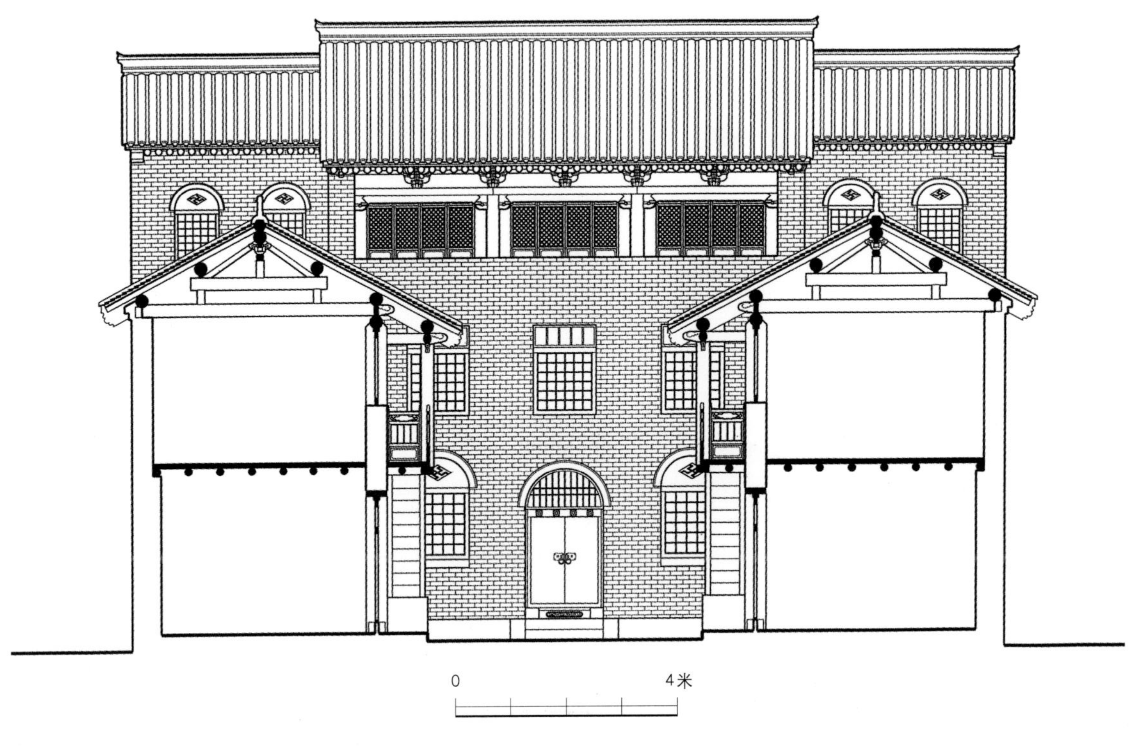

"光怡世泽"住宅剖面

艳的旋子彩画，整个厅房富丽堂皇。夏季里厅房内高敞通透，十分凉爽舒服。为了满足冬季的使用，在厅房东次间或西次间窗前垒冷炕，炕边生炉火。客来时，可上炕谈话。

郭峪村商人往往将账册或书籍放在厅房。据村人说，谭家的厅房内原有书架和书柜，体现宅主的儒雅气质。

有的厅房前还建月台。如王维时家、张鹏云家的厅房院和侍郎府的前院。月台与厅房前的台明等高，宽约与明间相等，进深2.5米左右。月台前的垂带台阶还有石狮、石抱鼓等。台阶前用石板铺装1米多宽的甬道。王维时主宅上房脊檩上有题记为"大明崇祯十二年岁次乙未四月十三日亥时宅主庠生王维时同男克敬、克仁创建，谨志"。厅房院大约建于同时期。据说，当年王维时在外地当官（官职无可考），每年仅回家一两趟，每次回来，便召集王姓家族的人在厅房院开会，只有王维时站到月台上，家人都站在月台下。如赶上年节回家，王维时常请戏班来家唱堂会，月台就是戏台。夏季宴客，在月台上搭起凉棚设席。

为了与华丽的厅房相配，左、右厢房也建得很讲究。王维时宅、谭家院、张鹏云宅的厢房均为两层楼屋，上下都做檐廊，在前金柱位置做槅扇门窗，楼上檐廊的栏杆做工精细，栏板雕饰华丽，有吉祥图案，如凤凰富贵、松鹤常春、福禄寿禧等，并饰以彩绘。

3.书房院

为了给子弟们创造一个读书学习的良好环境，稍有财力的人家，有独立的书房院，它们大多与住宅相连，有的另辟地段建在环境幽雅宁静的地方。例如北门

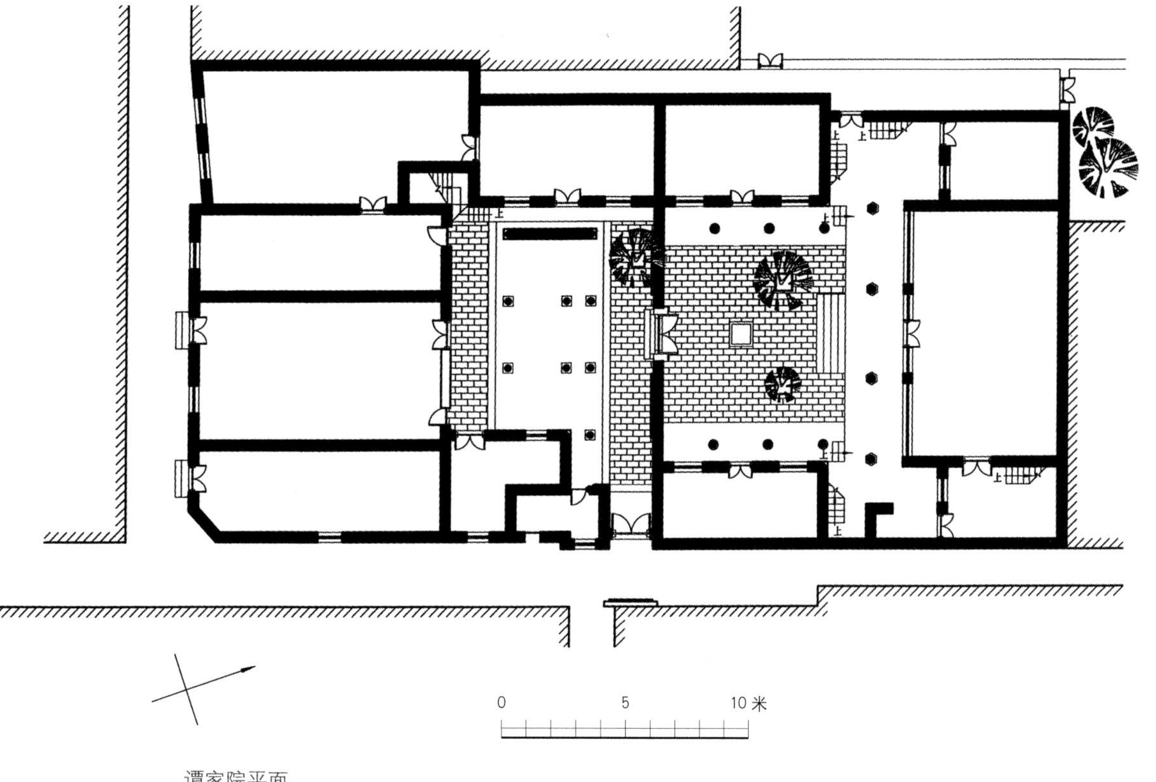

谭家院平面

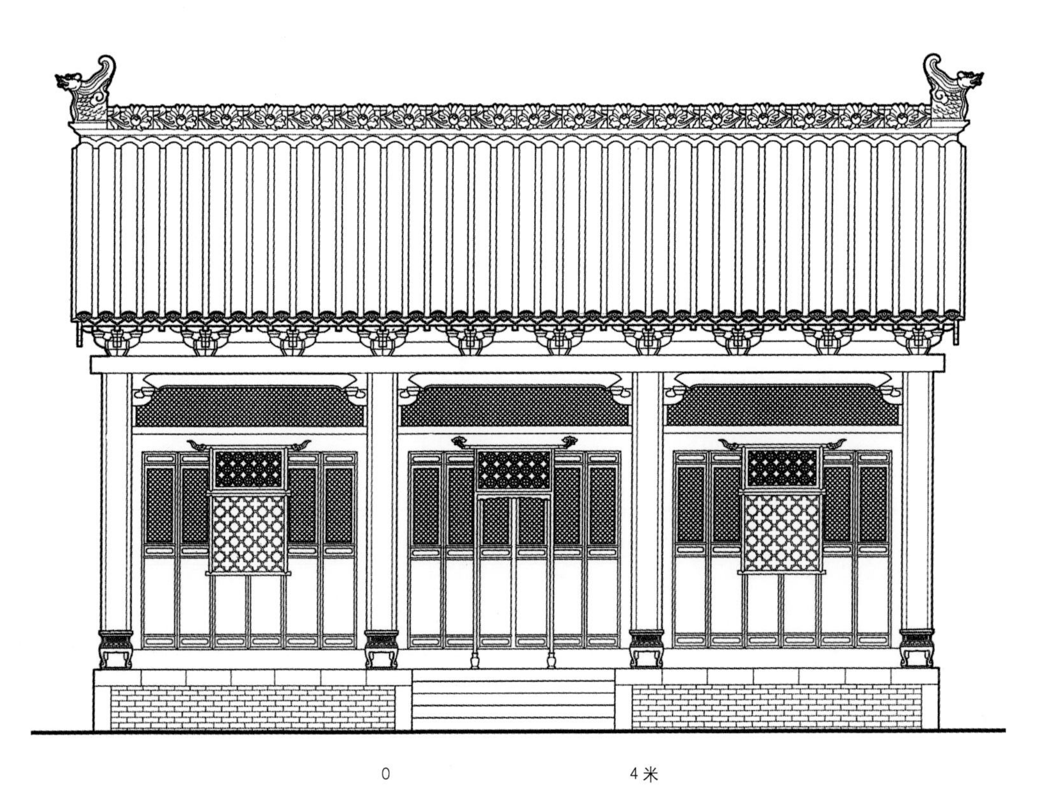

谭家院正房立面

谭家院二门立面

外的陈家上、下花园中就有书房院，岚光溪色，四时景色宜人。

没有山光水色映衬的也力求院落高雅。如王维时家书房院为一幢四大八小式的四合院，坐北朝南，北房为书房厅，单层，其他三面均为上下两层楼屋。书房厅前也有月台，青砖铺地，院子里摆着盆花，整洁宁静。西侧还有一个花园，内有石榴树、枣树、槐树和各种花卉。闲暇之时，孩子及私塾先生都可以到园子里休息赏玩。

又如下街北侧的“西院”，书房院位于住宅西侧大花园的西北，是个很小的四合院，整个院子占地约120平方米，院心只有30多平方米。房子为小三开间，单层，进深很浅。它的位置僻静，环境幽雅，院小而紧凑，很适合读书学习。

有些人家没有独立书房院，在主宅院厢房内设书房，如谭家院，书房就在前院厢房的楼上。

大宅子有高大的门楼，下面对应的是抱鼓石和石狮子，取得功名的人家才能使用抱鼓石。这是张鹏云住宅前的抱鼓石　林安权摄

张鹏云、张好古、王维时宅除有独立的书房院外，在主宅院的厢房仍辟有书房。为了使书房内光线充足，门窗都做得较为开敞，多采用槅扇门、槅扇窗。

在书房院中，上房为书房厅，当心间的后壁正中，放着条几和八仙桌，供奉孔子的牌位，[①]每逢开学或有子弟参加乡试，都要先来焚香磕头。这里是个十分严肃的地方，平时孩子们不得在这里玩耍。学童们不好好学习或犯了学规，塾师就会在孔子牌位前给他惩罚。

平时书房院不住人，但家中人口多时，书房院的厢房及倒座房也会住上人。郭峪村西北角上有个钟家院，称“容安斋”，是两组前后进院并列组合成的群组式住宅。整个住宅群坐西向东。在宅子的西北角，紧靠城墙建一座独立的书房院，专给小孩读书用。为了方便成人学习看书，在住宅的东侧院的后进，原来也有一个书房厅，但后来钟家三兄弟分家，人口增多，房屋紧张，这间书房厅便住进了人。

4.厨房院

一般人家，在上房和厦房内设厨房。但除了夏季及过年时（过年要做大量糕饼等），都只在炕边的炉上做饭。郭峪村人虽多以经商为主，比较富裕，但他们日常生活仍十分简单。明代沈思孝在《晋录》中说：“晋中俗俭朴，古有唐虞夏之风，百金之家，夏无布帽；千金之家，冬无长衣；万金之家，食无兼味。”村民以小米、玉米、高粱、豆子为主食，只有过年过节才能吃到白面，肉类、蛋类吃得就更少。山坡地种植蔬菜很难，夏季产些萝卜、白菜、南瓜、豆角、土豆等，能吃到一些新鲜菜，冬季就靠窖藏的蔬菜或腌制的一点酸菜、咸菜度日。蔬菜太少，人们

---

① 通常居家书房内不放孔子的牌位而放朱子或文昌帝君神牌，但郭峪村老人们回忆以前书房内确实放孔子牌位，仍可疑。

就将萝卜叶、豆叶也采来当菜吃。家住黄城村的陈廷敬写了一首《豆叶》诗：

我家溪谷间，
隘狭砠田多。
细岭驱羸牛，
如蚁缘嵯峨。
高秋八九月，
豆叶纷交加。
妇子散北野，
采撷穷烟萝。
盛之维筐筥，
湘之匪咸鹾。
菹之老瓦盆，
濯之清流河。
洁比金薤露，
美如琼山禾。
条枚感时节，
调饥发吟哦。[①]

由于缺油少菜，平日一般人家过日子均不炒菜吃，也没有围桌吃饭的习惯。通常开饭时，一人端一大碗，主食为小米饭或玉米面疙瘩，就一点腌咸菜或酸菜，坐在街头巷尾吃，那里就叫“饭场”。家里来了客人，也只做碗素拉面，因此郭峪村一带娶媳妇，除了要身板好能干农活，就是要会做面食。普通人家平时多不吃炒菜，炕边炉台做饭不碍清洁卫生。碰上办婚丧嫁娶的大事或过年，再单起厦房内厨房的灶火。

尽管日常饭食简单，但仍需不小的地方来储藏粮食、油、盐、酱、酒。当地盛产柿子，喜欢用柿子面做各种年节祭祀的食品，还要有专门存放柿饼、柿面的器具。厦房的二层常用作贮藏。燃料煤就堆在檐下，煤多了，全宅各处都堆。以前吃水都到巷中的井窑去挑，为了方便，厨房中备有两三口甚至四五口水缸。

大户住宅中有专门的厨房院，与普通的四合院基本一样，适应于几代不分家的大家庭。厨房集中在一个院内，做饭方便，

① 1999年10月上旬，我们到郭峪村去，亲见秋后的豆叶可以渍酸菜。

还有利于储藏粮食、煤炭以及各类杂物，并供佣工居住。管家或当家媳妇也易于统一管理，并能保持主宅院清洁整齐。大户人家，年节酿酒、做糕、制粉条等等，要有较大的空间，厨房院就成了小作坊。

每年的腊月二十三晚上，家家要祭灶神。据说，这天晚上灶神要上天向玉皇大帝汇报民家善恶。人们为他送行，要给灶神坐骑准备草料，即用纸糊成不大的草料袋，盛上草料焚烧；要用糖瓜在灶火口四周涂抹，以糊住灶君的嘴，祈求他“上天言好事，下界保平安”。在厨房内祭祀过之后，还要到堂房炉台上来祭，有的在堂房内炉台边山墙上设一个龛放灶神，不再到厨房里祭祀。

5.马房院

北方农耕和交通运输多用骡马等大牲口，大户人家往往喂几头至十几头牲口，小户人家也会养一头毛驴。饲养牲口需要占用不小的空间。牲口厩房大多是简易的砖砌或土坯砌的窑洞。大户人家厩房多了，便要形成院落，即马房院。马房院是住宅中很重要的一个辅助院落，同时起着杂务院的作用，通常位于住宅院落组的边缘，如下范家院的马房院，在住宅西侧豫楼之南的一长条空基（当地称空场为“空基”）上，与住宅不相通，有自己独立的院墙和大门。有一种马房院则是利用房基地高差而形成。郭峪村地形起伏，变化较大，有时为建一幢住宅，需要将高差两米上下的地段垫平，如夯土垫石，费工费时，于是人们巧妙地在低处建起一排石窑或砖窑，在窑顶上填土，使上面的地段平整，成为房基。如王维时住宅、谭家院、常家院、申明亭北陈家大院、“耕心种德”院，均是这种做法。为垫房基地而造的窑洞，很适于养牲口。①

① 陈家大宅由于位于下街与前街的丁字路口，便用大门南侧的垫地窑洞来做铺面。“耕心种德”院的东北角窑洞做过街走道和井窑。

马房院养牲口，也当作杂务院。一般都有六七孔窑洞，个别的可达十来孔。除了养大牲口外，有些窑洞里面养鸡、养羊，也有碾窑、磨窑、杂物窑等。有的还利用这里开作坊，如前街的下范家院和谭家院，均在马房院内开专门的油坊、粉坊。

牛、马、磨均有保护神，每年春节前，要向马房院中的各类神明进香，贴上红联红符。现在简单多了，常见的有鸡舍中贴“公鸡勤打鸣，母鸡多产蛋”；骡马圈中贴“日行千里，夜行八百”，上面横批“马力如牛”。碾上、磨上都要贴大红“福”字，祈求来年平安顺畅，万事如意。

6.茅厕、水井

茅厕是人们生活中不可缺的部分，在传统的农业社会，粪是庄稼唯一的肥料。俗话说：“庄稼一枝花，全靠粪当家。”因此粪肥可作为商品买卖。郭峪村清顺治七年《城窑公约》载：“西水门内南房贰间，付与守门人居住，即作工食，不出租银。其房后楼坑厕壹所，即托管窑者卖粪入社，每年得银若干，即登南面窑租账内。”①

茅厕气味很重，被称为“恶”，因此建宅时，要将茅厕放在院内九宫的凶星位置上，如绝命、五鬼、六煞、祸害，“以恶制恶”。尽量使茅厕隐蔽，门要小。通常只做一个厕位。为了积存粪肥，厕位下埋一口大缸，或砌一个很深的方形池子。出粪口在院墙外街巷上，用石条或砖在墙脚发一个券洞。洞口掩一块石板，出粪时移开石板。有些人家，石板上甚至浮雕月梁斗栱之类的装饰。北门内东边的孙家大院，由于近塌城口处，地势高差较大，为垫高地基建了窑洞，他家的厕所位于窑顶之上，而粪坑在窑下。《郭峪村志·张季纯

① 清顺治十年《郭峪村大庙墙碑记》也载：“庙中地亩，只许住持耕种。厕坑只许住持积粪，不许盗卖盗买，违者送官法处。”（碑在汤帝庙戏台下墙上）

谈郭峪村》[1]有一则生动的记载："孙家大院的厕所很深，有三层楼房那么高。小孩喜欢去。拉出来的屎好大一会方能掉下去，冬天屎山冻得很高。"[2]

生活用水的主要来源是井。郭峪村内原有14口水井，散布在各个巷子中，平时各家吃水均到井上来挑。为了保持井水干净，并使打水人免除风沙雨雪的侵犯，井上都盖井窑或井棚。井口设辘轳。井窑壁设灯龛，供晚间打水方便。水井多数为附近几家人合建共用。如村西北角的钟家院，即容安斋，有两组前后进住宅，在两个前进院中间夹建着一间井窑。井窑坐西朝东敞开，南、西、北三面为封闭的墙，墙壁各开一个洞，穿过每个洞口各安一段石质水槽，距地面约50厘米。槽的一端在井窑内，另一端分别在两个院内及厨房间。从井中提上水来，倒入某个水槽，就可通到需要水的院子或厨房，在出水口用水桶接住，免除了担水之劳。这座井窑之上还建有二层房，为钟家的粮仓，粮仓的门开在宅院内，有楼梯上下。

水井每年春初都要淘挖清淤，保持卫生。井有井神。每到春节要在井窑内祭井神并在辘轳上贴红符，如"水清水旺水常有"。以前郭峪村内的水井，水位很高，有的深1米左右，最深的有10米左右。以后随着林木被伐，煤矿不断向深处挖掘，破坏了地下水脉，到20世纪80年代，村中水井已多一半干涸，甚至樊溪河水也多半年断流。现在村民吃水全靠村里三座600多米深的机井来供应。

7.院落中的生活

院落是住宅中最富有生活气

---

① 张季纯，阳城县北留镇大树村人，是郭峪村郑家的外甥，从7岁一直住在郭峪村，是中国戏剧专家，现已离休。

② 现在种庄稼一律用化学肥料，人粪尿没有用了，茅坑要雇人来清，每次80元。因此凡露天茅厕都安门上锁，不许别人来用，以免多花清厕钱。

息的场所。男女老少，一年四季都有许多时间在院落里度过。日常生活、生产劳作、婚丧大事，都离不开院落。村民们重视院落，用青砖或者方正的石板把它整整齐齐墁铺起来，不露土，很干净。为保持清爽、明亮，为迎纳阳光，更为了避免虫子，院内不种树木。

院子的正中，供奉着保佑一家平安的神。按风水术“大游年法”九宫格的格局，院子在中宫位置，于是便称这位神为“中宫爷”。村民说，中宫爷就是姜太公。姜太公热爱平民百姓，在伐纣成功之后，大封诸神，自己却

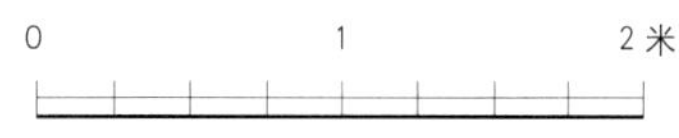

“光怡世泽”住宅大门立面

（左图）四合院的中间，人们常常供奉着“中宫老爷”，以保佑一宅一院　李秋香摄

悄然来到平民百姓家里，保护他们。中宫爷的神位有明中宫和暗中宫两种形式。明中宫大多是在院心中间砌起一个小小的台子，可方可圆，径不过30厘米，高不过40厘米左右；也可以用一个石墩、石鼓代替。暗中宫的神台不露出地面，有的在院心地下埋一个方墩，也有的埋一块普通的石头。采用暗中宫是因郭峪村在风水上被称为“蜂窝城”，村中央有一座高大的豫楼，比为“蜂窝柄”，是统绾整个村落的重要建筑，所以凡是房基地高于豫楼地面的住宅院落，中宫爷均做成暗的，否则就会破坏村落的整体风水。不论明中宫还是暗中宫，人们对它都十分尊重，不得踩踏中宫，或坐到中宫上，更不能对它抛污物泼污水。每月初一、十五，都要祭祀中宫爷，点一支香，供一碗饭。

秋收时院子成为晾晒玉米的场地，四周房子的墙上、廊檐下也挂满了一串串金黄的玉米棒。这时柿子也熟了，一串串鲜红的

节日备餐　李秋香摄

家务事及简单的农活都在院子里，院子最富生活气息　林安权摄

家中有喜事丧事或过年节，要办酒席，都要在院中搭起棚，热热闹闹地操办　李秋香摄

柿子和玉米挂在一起，有时整个墙面和楼上檐廊栏杆上全部挂满，在阳光照耀下，宅院灿烂辉煌，一派喜气。

郭峪村一带盛产柿子，自古以来，人们就用柿子做成各种食品，如柿饼、柿瓣、柿面，以及用柿面做成的专门用来祭祀的糕点。柿树抗灾能力强，灾荒之年，柿子是人们最主要的粮食，所以乡民们喜欢种柿树。一到秋天，满山坡上柿子成熟，绿叶衬着火红的果实，把沟谷点染得如锦似绣，引起过许多人的诗兴。清代阳城人田懋有《柿林》诗：

家园少枫叶，
柿林良可代。
珊瑚百千株，
点染秋山态。
相对亦停车，
晚风偏坐爱。
离枝俨春华，
不逐红紫队。
更夸火齐珠，
硕果枝头在。

郭峪村山上盛产柿子。柿子既是鲜果又可以晒干制成干果。一旦有饥荒，柿子干、柿子粉可以代替粮食，又被称为木本粮食
李秋香摄

窗的两侧晾晒着丰收的果实，日子过得好幸福　林安权摄

家住黄城的陈廷敬也有《怀七柿滩》诗来描写这一景色：“洞阳[①]风落满林霜，苹蔗[②]甘寒味许长。解道黄柑三百颗，不如红柿熟千章。”每逢这个季节，人们采柿、晾晒、加工，既繁忙又兴奋。看着挂满墙头檐下的果实映红了窗纱，家园便温暖着村民们的心。

院落内均挖有薯窖，存放土豆、红薯、萝卜，供冬、春两季食用。也有用来储藏粮食的。窖多建在倒座房一边的角上，上盖石板。风水术上讲，院中有井不吉利，而院中有窖却是大吉，因为井无底而“漏财”，窖有底而“聚财”。

人们对内院的排水很重视。院内不设明沟，也不设暗沟，通常是院落墁砖做出一点泛水来。整个院落的最低处位于院门边，然后由墙洞将水排出院外，流到街巷里。

除日常生活、生产，遇到家中的大事，如婚丧嫁娶，一些仪式要在院中进行。

婚嫁是人生大事，要办得隆重热烈才有面子，因而程序繁复，十分讲究。先要提亲、开礼单，然后接帖，双方互送礼品。礼品必有彩色面馍，称为“喜相逢”。面馍下用面做面托，将面做成的如意、石榴、彩蝶，甚至龙、凤安在上面。到了迎娶当天，男家要在院中用五彩布搭起一个喜棚。从街巷口开始，大门、二门及院内各房门口，全部贴上红色的喜联和斗方。如：“当门花并蒂，迎户树交柯”；“午夜鸡鸣欣起舞，百年举案喜齐眉”；“琴瑟永偕千岁乐，芝兰同介百年春”。窗户格间贴上祥和喜庆的剪纸花。室内及喜棚内要悬挂起亲友们的贺幛。喜棚里，正对堂房放一张八仙桌，将平时供在堂房东窗外窗台上的天地爷牌

---

① 洞阳即洞阳山，位于中条山脉东侧，阳城的南侧。

② 《郭峪村志》及《黄城陈氏诗人遗集》作“苹蔗”，疑应为“荻蔗”，按照《本草》称荻蔗，苹蔗无解。

位请到桌上，置好香烛及供品。早饭后，男方花轿启程接新娘。在花轿快到男方家的村边时，要先放三声铳，男方家的鼓乐出迎。轿到门前，再放三声铳，鞭炮齐鸣。新娘在大门口下轿，沿红毯经院子一直走到新房，举行一种叫“起缘”的仪式。

然后，新娘出来到喜棚里，礼宾唱：“行大婚礼”，新郎新娘并排站在天地爷牌位前，焚香磕头。之后再拜高堂，再夫妻对拜。礼毕，新郎新娘在鼓乐声中进入洞房。

喜棚内则搭起席面，开始宴请宾客。一个院不够用时，在两个、三个院中一同设宴，场面热烈红火。

郭峪村是杂姓村，绝大多数姓氏没有宗祠，丧葬仪式只能在家中进行。人死后，最初尸体停放在死者原住的房内，门口贴上白纸，地上铺起谷草，请阴阳先生“打单”，即写出“出魂”日子、“做七”时间和避忌事项，贴于各房的门上。然后向亲友报丧。选择吉祥的单日入殓。出魂升天之日要请道士到家中做法事超度，鸣炮敲锣，驱赶死魂灵。一般停灵五至七日后，就要将灵柩移到宅院中来。移灵的前一天，院内搭上灵棚，棚内摆上白纸扎，棚门上贴起挽联，并在大门外贴上“当大事”三字。灵棚内摆上供桌，送葬的亲人来到之后便在灵棚中祭祀，献祭品、上香、烧纸、跪拜、举哀，等等。祭过之后，在相邻的宅院中开席宴请来客。移灵那天早饭后，烧过纸，即行起丧。由鼓乐僧侣导行，金银纸马、童男童女等丧葬仪品随后，孝子扶灵柩，长孙执引魂幡，长女抱岁柳，八人将棺木抬出宅院，开始了出殡过程。

凡庆寿诞、做满月、贺新居等，也要在宅院中进行。

庆寿通常在花甲（60岁）以上才举行。整十为大庆，其余为小庆。有钱人家，大庆时遍邀亲朋，十分隆重。为了宴请宾客，也要在院内搭彩棚，贴上大红对联。棚内放着各种礼品。有时家里请来戏班，在彩棚内演些小戏，一片吉祥热烈的气氛。

生下小孩满月要庆贺。旧时陋习，生男为大喜则大庆，生女为小喜则小贺。姥姥家要送“花托”，即一种面馍。亲朋均送各种贺礼。主家就在院内搭棚置酒席招待。乔迁新居也是一件大事，通常都要请戏班来热闹一番，唱几段小戏，亲朋邻里都来祝贺，俗称“暖房”。主家也置办酒席来招待。

8.大门及其影壁

郭峪村一带建宅院很迷信风水，每当起屋造房都要先请地理师，谨慎地把握宅院的朝向和大门的方位。大门是全宅的出入之口，财源喜气可以从大门进入，灾难祸凶也会从大门溜进来。大门又是一幢宅院的门脸，它的形制和形式是宅主人身份、社会地位及文化修养的体现。

大门约有三大类形式，每类中还有大同小异的变化。

第一类，牌楼式门楼，即在宅门口建造一座高大的牌楼。这类门等级最高，斗栱层叠，建造质量最好，样式最华丽。能建造这样大门的人家通常都是科第官宦。在江南血缘村落中，凡子弟们中了进士，家族往往在祠旁或街上建造宏丽的“进士牌楼”；而郭峪村为杂姓村落，凡中进士的，便只将自家大门造成木牌楼，作为功名的标志。郭峪村原有七座牌楼式大门，为丁字路口陈氏大宅正门、“西都世泽”大门（原属陈氏家族）、现“谭家院”大门（原属陈氏家族）、王维时住宅院门、张好古宅院大门、张鹏云住宅大门、侍郎寨的侍郎府大门。这几户宅主除王维时为“恩进士”（乡进士）外，其他均为常科进士。现在“西都世泽”和侍郎府牌楼门已毁。

牌楼式门都是双柱式，单开间，宽在2米左右。从台明到牌楼顶约7—8米高。整个大门可分为三部分，即门身部分、字牌部分及斗栱屋檐部分。其中门身部分的双柱，有木圆柱和石方柱两类。

（左图）大门楼由层层斗栱出挑，门额上刻有科举功名，展示着家族的荣耀与高贵
林安权摄

（下图）郭峪村张家大宅的主入口采用官帽式的大门，这是清末至民国初期的建筑风格
林安权摄

进了院子，能感受建筑的精美和外向活泼的特点　林安权摄

门柱有的在内外侧做有素面夹杆石，高约1.3米；有的门柱内侧为夹杆石，外侧做成高约1.2米的抱鼓石，上雕几只活泼淘气的小狮子；还有的门柱外侧置高大威严的石蹲狮，下有约1米高的石质须弥座，从基座底算起到石狮子头顶，总高度可达1.8米多。有的人家在门枕石上又做一对小石狮。狮子不但表示宅主的身份，还有风水上的意义。《阳宅十书》上载："修宅造门，非甚有力之家难以卒办。纵有力者，非迟延岁月亦难遂成。若宅兆既凶又岁月难待，惟符镇一法可保平安。"镇符可有许多种，除了"石敢当""山海镇""太极""八卦"等，还有"对狮"。

民间传说，门口置一对门枕石上的小石狮子是商人捐官的标志，柱子前一对大狮或一对抱鼓石是科第官宦的标志，又有抱鼓石又有小狮子是两者都有的标志。但这种说法还有待考证。

牌楼式大门通常做有二至三层门额字牌，当地称为“间楼”。如丁字路口的陈氏大宅，做有三层门额字牌，高度在1.4米左右，上面浅刻填墨陈氏家族中累代显赫人物的姓名和官职，最上一层的字牌为：

陕西汉中府西乡县尉陈秀

直隶大名府滑县尉赠户部主事陈珏

嘉靖甲辰科进士中顺大夫陕西按察司副使陈天祐

中间的一层字牌为：

万历恩选贡士河南开封府荥泽县教谕陈三晋

赠儒林郎浙江道监察御史陈经济

崇祯甲戌科进士儒林郎浙江道监察御史陈昌言

最下层的字牌为：

顺治甲午恩选贡生敕封翰林院庶吉士陈昌期

顺治己亥科进士钦授翰林院庶吉士陈元

顺治戊戌科进士钦授翰林内秘书院检讨陈廷敬

门柱上的楹联是总结性的，写的是：“德积一门九进士，恩荣三世六翰林。”所有这些字牌和对联内容都和黄城村的冢宰牌坊上的大体相同，不过黄城村牌坊上陈廷敬尚为举人，可见早于这道牌楼门。

这座牌楼门有两层斗栱，上下均为四组，下层前后出两翘，上层前后出四翘。两层斗栱之上承托着牌楼顶子，上做瓦面，正脊两边还有龙头吻饰。

张好古宅牌楼门为木柱，有夹杆石及一对门枕石上的小石狮。间楼为上下两层，上层题“科第世家”四个大字，下层为“嘉靖癸未进士张好古，正德甲戌进士张好爵，万历癸酉举人张以渐，顺治己亥进士张于廷”。间楼之上

王维时住宅牌楼门额　林安权摄

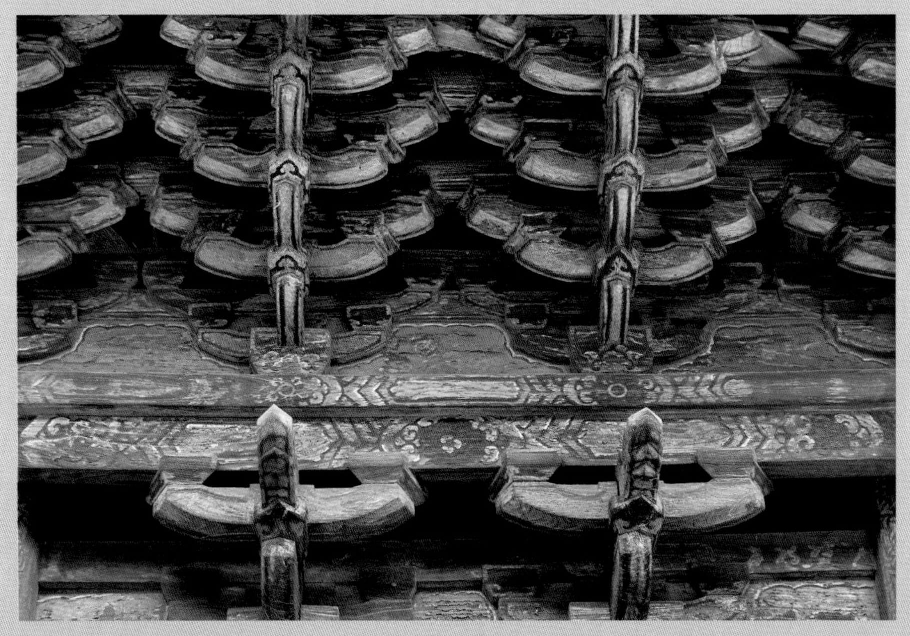

大门楼上的斗栱　李秋香摄

为四组斗栱，前后出四翘，上承楼顶。在前、后檐位置均有垂莲柱，楼的上部十分丰满。

张鹏云宅的大门，正面上层字牌写“兵垣都谏”，下层字牌为“兵科都给事中张鹏云”。背面间楼上为“祖孙兄弟科甲”六字，下层字牌书“兄张庆云中天启丁卯科举人，弟张鹏云中万历己酉科举人、丙辰进士，孙张尔素中崇祯丙子科举人”。按张尔素于顺治丙戌中进士，则此牌楼门必建于崇祯丙子（1636年）与顺治丙戌（1646年）之间。

牌楼式大门色彩华丽。木柱和枋子都为黑色。大门扇也为黑色，有的做上金属泡钉，四角镶有铁饰及不同图案的铺首。间楼内为白底黑字。斗栱及以上部分为青、绿、白三彩绘的旋子彩

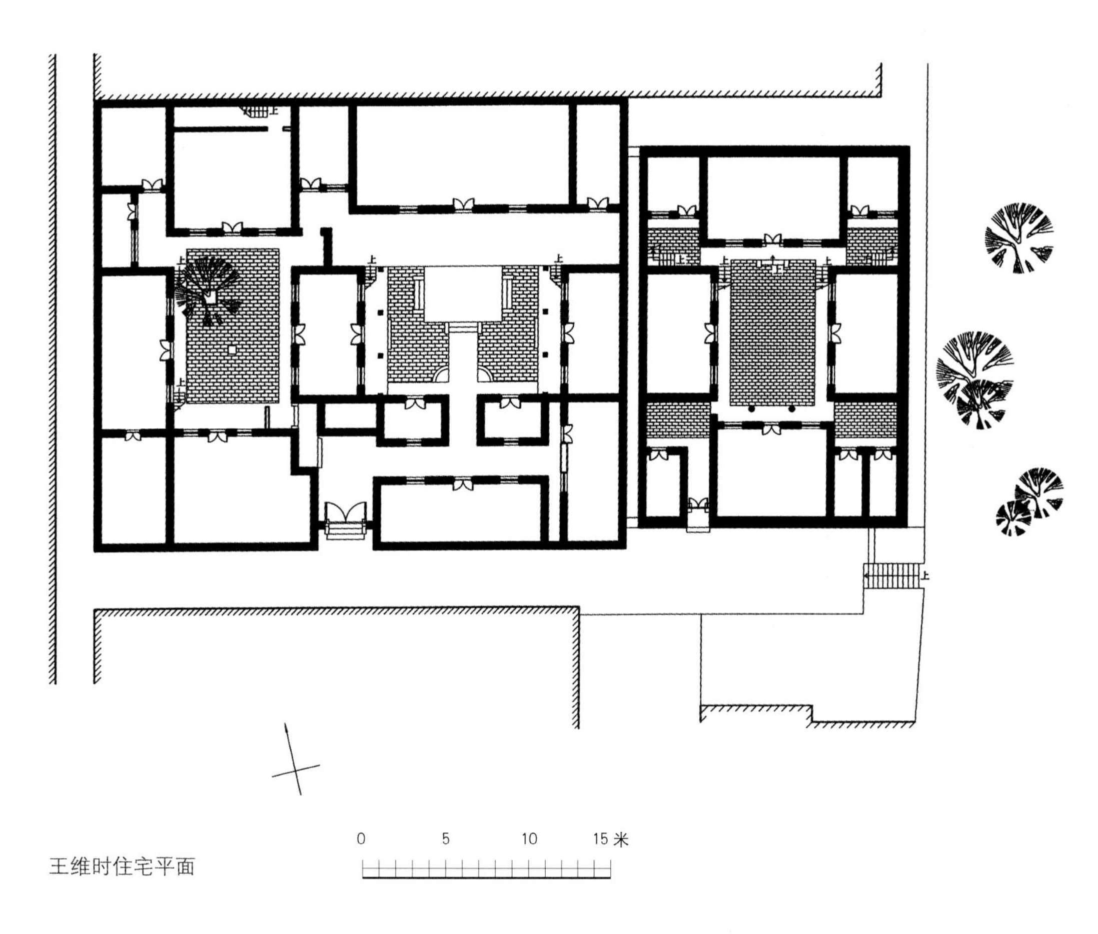

王维时住宅平面

画。它衬在渐渐泛出土黄色的青砖墙前，是最精彩夺目、豪华气派之处了。

牌楼式大门有临街而建的，如陈氏大宅，有前面再加一个前院的，如张鹏云宅。王维时宅门前有他家私有的一条小巷，巷前端有过街楼和守门人更室。进街门后，小巷两侧距地面大约50厘米高处有左右成对的凹洞，晚上插上水平的木杠，使盗贼行动极为困难。牌楼门左右一般还有上下马石，骑马的人可借此上下。

第二类，门洞式大门。这类大门使用最广，最普通，多用于没有功名的一般殷实人家的独院式住宅，或多院式住宅的一个院落。它占住宅院倒座厦房的一间。厦房的二层依旧可以存放杂物。大门抱框装在距厦房外墙面30—50厘米处。下部有门枕石，多为方形素面，个别宅门的门枕石上也置小石狮。大门装双扇木板门，有黑漆素面的和带泡钉的两种。门额只有

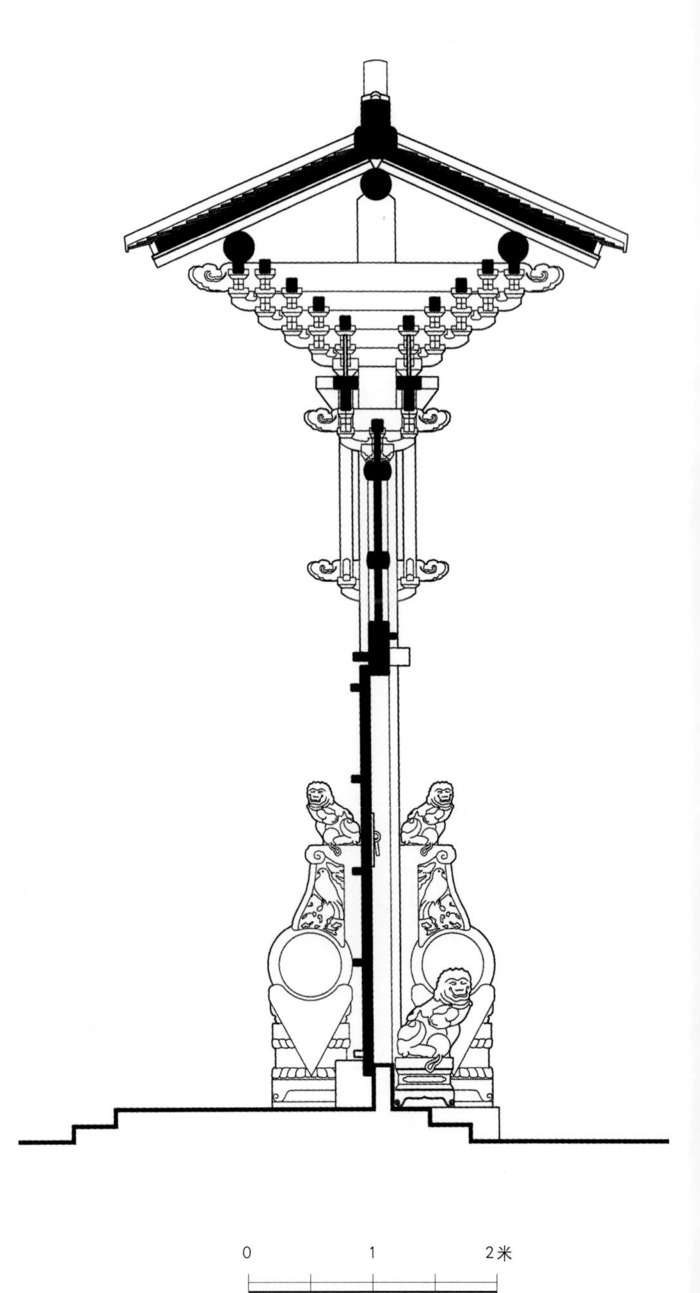

张鹏云大宅二门剖面

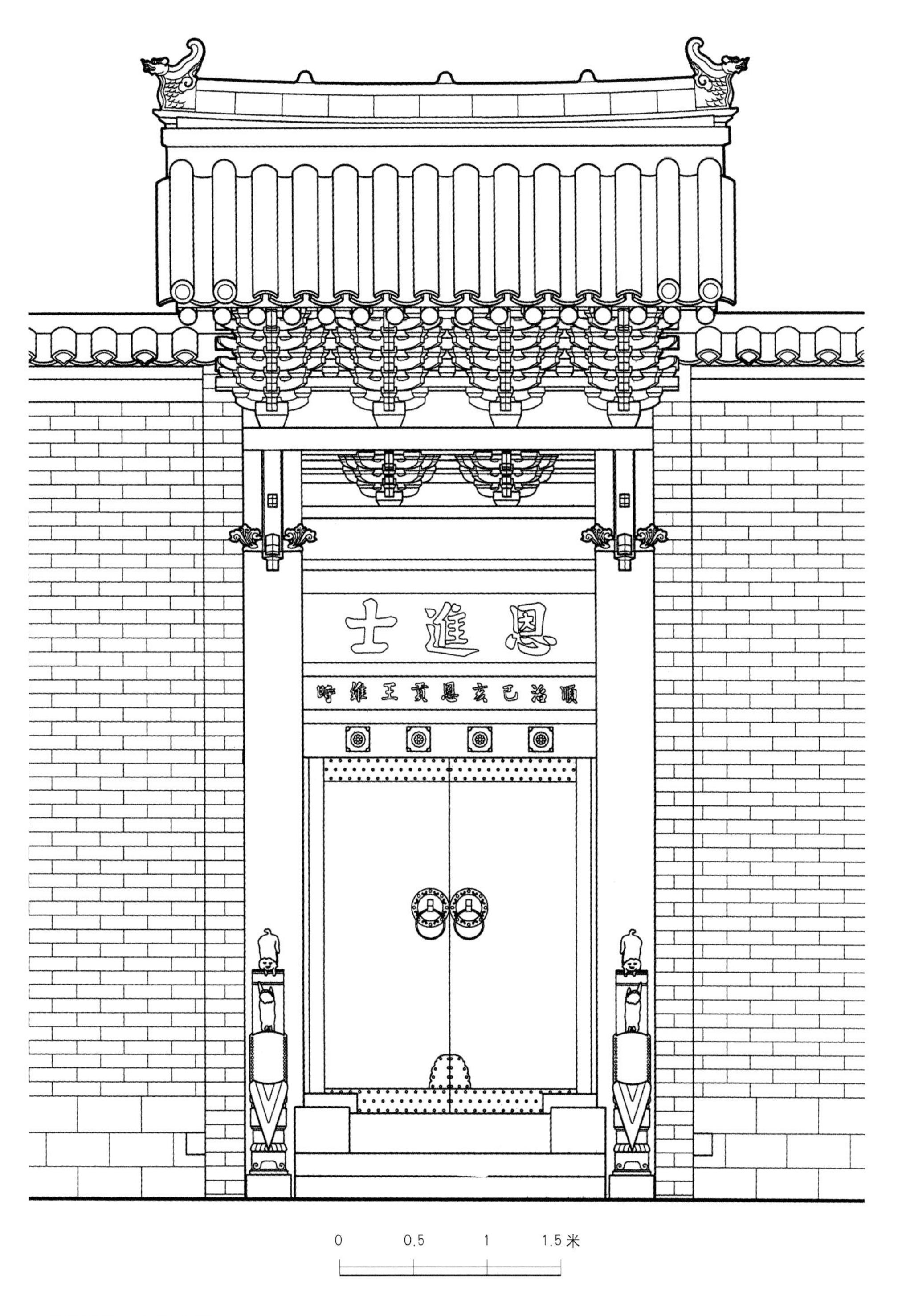

王维时住宅大门立面

住宅大门建成牌坊式样，是一种等级较高的做法　林安权摄

单层，或题家族的郡望，如“西都世泽”；或题宅名，如“仁安居”“有那居”“德为邻”“集益居”“崇善门”；或题道德伦理格言，如“勤俭持家”“光怡世泽”“耕心种德”“世承友顺”“耕读”“吉庆有余”“听其无逸”“知止”“惟吾德馨”“怀德维宁”；还有借景的，如“晓山接翠”“清涵玉照”等。门抱框较宽，每逢过年过节，还要贴上大红对联，多是祈福颂吉的，如“天泰地泰三阳泰，家和人和万事和”，“新年纳余庆，嘉节号长春”，“多财多福多吉利，好年好景好运气”，“时新世泰春光艳，人寿年丰淑气新”，等。

门洞式大门的门头大致有三种做法。其一为披檐式，即在大门洞之上做披檐，檐下有简单的丁头栱、挑梁承托垂莲柱，柱上架挑檐檩。也有的从砖墙上出挑一个斜撑，承托挑梁头，上面架挑檐檩。为了美观，有的将垂莲柱悬得很低，在莲花之上还有称为“帽翅”的云纹式横向透雕构件，十分奇特。其二，在门洞外沿上部做挂落式的花饰。有单层的，也有用小枋子或月梁划分上层和下层的。纹样有几何形，有卷草。有的花饰题材很丰富，如牡丹、菊花、芍药、梅花，还有商人们在江南见到的一些花卉，如佛手，均有吉祥福寿之含义。由于有了这一层装饰，大门洞增加了一个空间层次，丰富了大门的外观。其三是小户人家简单的大门，除门本身的功能构件外，不再有任何装饰。大门扇上四角均钉各种纹饰的铁片，以如意头居多，保护门扇而且美观。门扇有不同形式的铺首，圆的、六角形的。铺首右侧还有小小的铁片饰物，如剔空的

发券的砖门　李秋香摄

采用发券形式的大门，门额为"耕读传家"。这家正碰上守丧葬期，门上的对联不能使用红纸　李秋香摄

全村门楼最高，门额上科名、官职最高的是陈廷敬的老宅　林安权摄

“福”“禄”“寿”字或鱼鸟、花卉等，十分精巧，为的是防铁门栓外端开关时磨坏门板。

第三类，独立式随墙门屋，多用于三合院或住宅的前院。独立式随墙门屋为前后两坡，单开间，采用硬山顶，大门前檐常用斗栱出挑，或做垂莲柱，门额题写着宅名，如“槐庄”，位于郭峪村南沟的东侧高坡上，住着姓卫的人家。又如在南沟西头的南侧风水师“柴阴阳”宅。

为避免大门打开看通住宅，独立式随墙门屋在内侧正对门口有屏门，四扇或两扇。平时人们入宅从屏门左右两侧进入院落，一旦家里有重大事情，如婚丧嫁娶、寿诞百日才打开屏门，即中门。影壁与大门有着十分密切的关系，进门，门里有影壁，出门，门外有影壁。影壁的设置一是为了美观漂亮，炫耀家门的气派，另一方面是加强住宅的私密性，使生活更安宁。此外，又有风水迷信的说法。风水术中，宅门忌直来直去。《水龙经》说，“直来直去损人丁”，门直通会使家族不旺。

装点漂亮的影壁确实给住宅增添了喜气。影壁有大有小，门外的大多独立建造，门内的大多附于厢房的山墙。影壁面上均为

张鹏云大宅大门立面

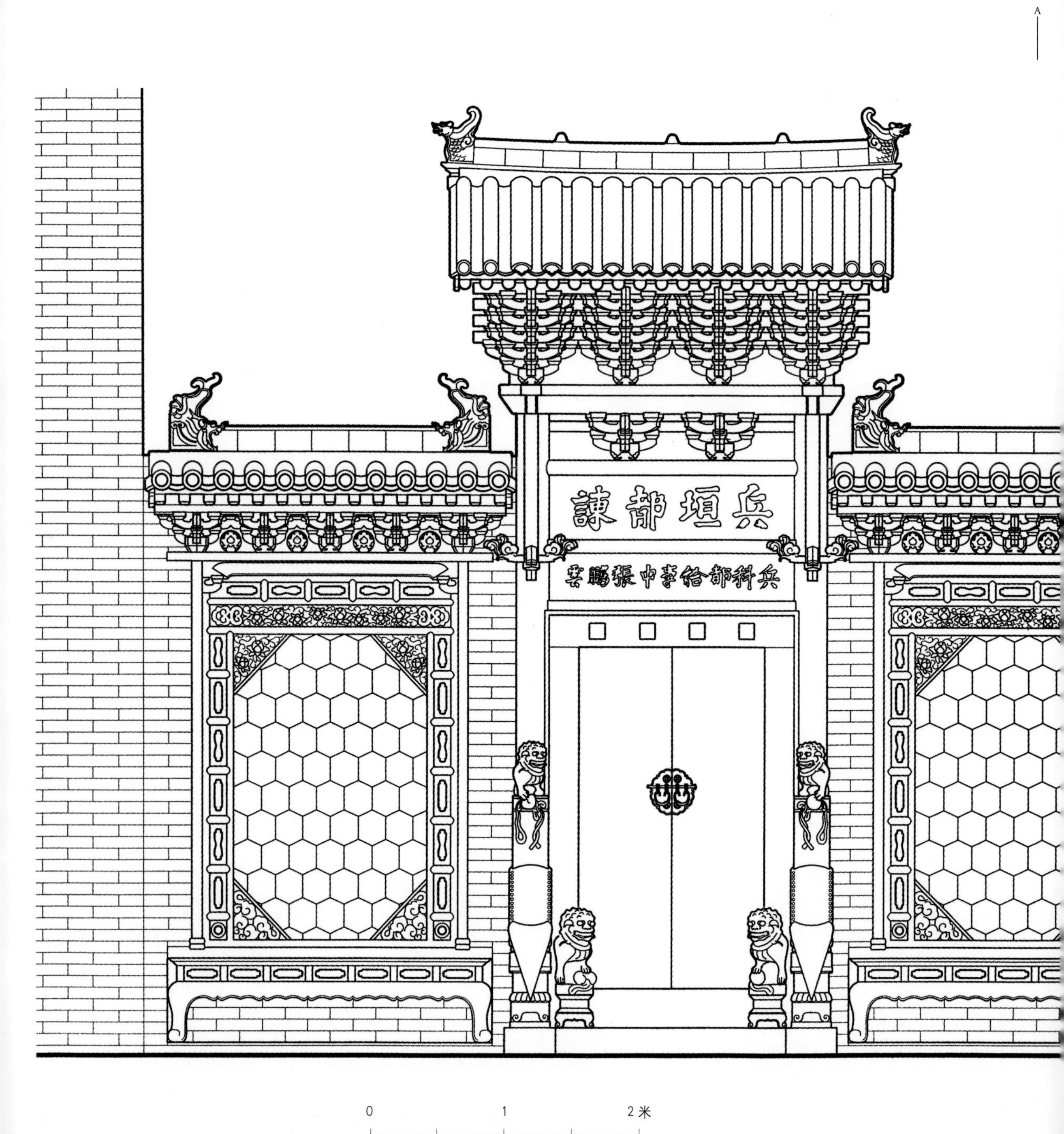

张鹏云大宅二门立面

方砖斜角对缝，装饰着砖雕。中央开光盒子里是主题性的雕刻，内容十分丰富，花鸟鱼虫、山石林木、人物故事、福禄寿禧，各种纹样都有。有些有边框，多为柿蒂形或如意形，有些没有边框。雕饰手法也十分丰富，有浅雕，有深雕，甚至圆雕，大多是混用。影壁四周边有带状的砖雕装饰，题材有几何纹样，有饱满的牡丹花，也有在花丛中加上些松鼠、鸣禽之类的。它们使住宅最初展现给人的是典雅高洁而又华贵的品味。

一般人家的大门，红对联、门幅，门簪上贴着“福星高照” 李秋香摄

王维时住宅大门内建有影壁，以保持住宅的私密性

王维时住宅大门影壁的立面。讲究的人家影壁两面都会做雕饰

住宅的窗子，人们忘不了细细地装扮它，红的、绿的、黄的，喜兴而有生机　林安权摄

住宅卧室通常只挂竹门帘，不关木门，保持空气循环，冬天则换上棉门帘，白天依旧不关闭板门　林安权摄

住宅与巷。次要巷子的位置，常有通宅内厕所的淘粪口，日常有木板封上，打开即可淘取　李秋香摄

郭峪村街巷　林安权摄

老人家　李秋香摄

住宅与街巷　林安权摄

郭峪村的社火队　李秋香摄

第五章 防御建筑

一、筑城建堡的缘起

二、农民军攻打郭峪村及筑城经过

三、修城轶事

四、城墙、豫楼的基本形制及使用

五、城墙的管理与维护

四合院内仰头即可看到高大的豫楼　林安权摄

在冷兵器时代，为防御外敌，人们常建筑城墙来保卫国土家园。国家有长城，城市有城墙，散居在乡村山间的村寨，也建有寨墙、城堡。

郭峪村的城墙正是为自保而建，它的城墙和敌楼高大坚固，雄伟壮观，防御性能极强，至今仍大体保存着。还有四块有关城墙和敌楼豫楼的石碑，其中有三块完好。一块为王重新写的《焕宇变中自记》，一块为廪生王弘撰写的《焕宇重修豫楼记》，都嵌在豫楼楼上内部墙上，还有一块为《城窑公约》，嵌在汤帝庙戏台下墙上。这几块碑不仅使我们了解了建城的缘由、经过和城墙的建筑形制，还让我们了解了

郭峪村大多数住宅院落都能看到建于村中的豫楼，一旦发生战乱，
或有流匪袭扰等突发事件，村人可及时躲进豫楼防御　林安权摄

它们的管理及使用情况，为我们进行乡土建筑中防御建筑的研究提供了重要的依据。

修缮之前的豫楼全貌　李秋香摄

一、筑城建堡的缘起

阳城自古是山西东南的战略要地，北留镇和润城镇到明末又是阳城的商贸重镇、交通要道，因此，无论是官方还是民间，人们的眼睛都盯在这里。早在明初正德年间，刘六、刘七的农

村里保留的部分城墙，这是城墙的内侧　林安权摄

民军就曾侵扰郭峪村，那时的郭峪村虽已开始煤铁开发，但规模还小，村落人口少，经济实力不强，因此也没有被农民军当作攫取的重点。到明朝末年，郭峪村的经济、文化发展均达鼎盛，其中以张鹏云和陈昌言（本人居黄城村）为代表的张、陈两大家族，被称为张、陈二府，官宦累世，门庭显赫，又有以王重新为代表的富商巨贾，名闻四方。村富而又据战略要地，郭峪村自然成了以李自成为首的农民军的猎取对象，以致官军与农民军在郭峪村一带展开过多次激烈的战斗。为防御农民军的洗劫，阳城的许多村镇都修起了城堡，如窦庄、砥洎、周村等。[①]郭峪村也加固修建了招讨寨（即后之侍郎寨，又称“东坡寨”），寨墙周长600米，用巨石筑成。（现在只存东面约100米的一段，高可达8—10米。）黄城村则在陈氏家族出资修起了供防御的七层河山楼之后又建起高大的城墙。

郭峪村本村的城墙建造较晚，一方面是由于范围较大，修建城墙要花费大量银两、时间，雇佣众多工匠；另一方面，明崇祯初年，官军与农民军几度作战，农民军均未取胜。如《焕宇变中自记碑》中记载：“崇祯四年四月间，陕西反贼王加（嘉）胤在平阳府作乱，总兵牛世威、副将曹文诏领兵剿杀，自霍川山追赶至窦庄、坪上。经过窦庄，有城幸免。贼患坪上，无备被抢。官兵继后追至阳城县圣王坪花儿沟绝路。胤侄将加（嘉）胤捆至军前请罪投降。牛总兵即将加（嘉）胤斩首。……官兵回省报捷。”官军的胜利，使得郭峪

① 明代晚期，山西不靖，起义和匪患不断，地方人士很重视建造城寨，如万历四年二月，王国光告请回家办理丧事，事毕，对前来拜访的阳城知县张应诏说：“吾邑系土城，安能使无暴风雨潦以攻吾一岁之费？……复土之费立尽，是使吾邑父老终岁率子弟而无休城已也。”后来王国光让抚台高公、御史台田公、泽守于公（即于达真）大力协助，于万历六年三月起工，半年内建起“高三丈五尺，周五百五十九丈”，有城楼九座的非常高大壮观的城墙。（《阳城文史资料》第7期第42页）

村人产生了麻痹心理，为此虽有窦庄和坪上的经验教训，仍迟迟未修城墙。不料，从明崇祯五年（1632年）七月十五日至崇祯六年（1633年）四月十六日，短短九个月中，李自成农民军主力反复袭击阳城，其中四次攻打郭峪村。郭峪村几度遭劫，房舍被毁，村民死伤惨重。相比之下，郭峪村周围已修有高城碉楼的村落则损失较小，因此，郭峪村才在张鹏云和王重新主持下决定建城。

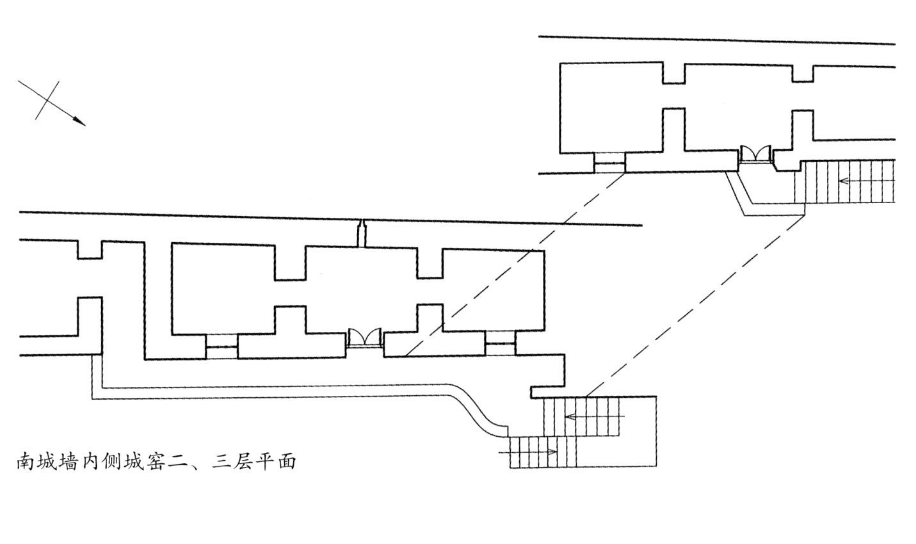

南城墙内侧城窑二、三层平面

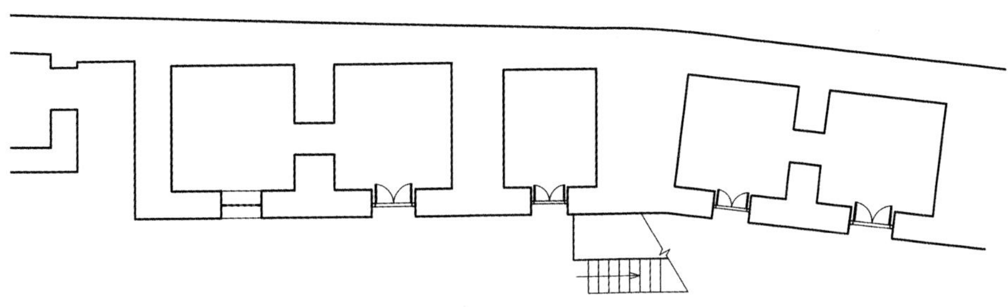

南城墙内侧城窑一层平面

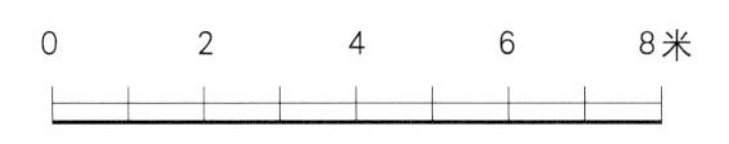

南城墙内侧城窑一层平面；南城墙内侧城窑二、三层平面

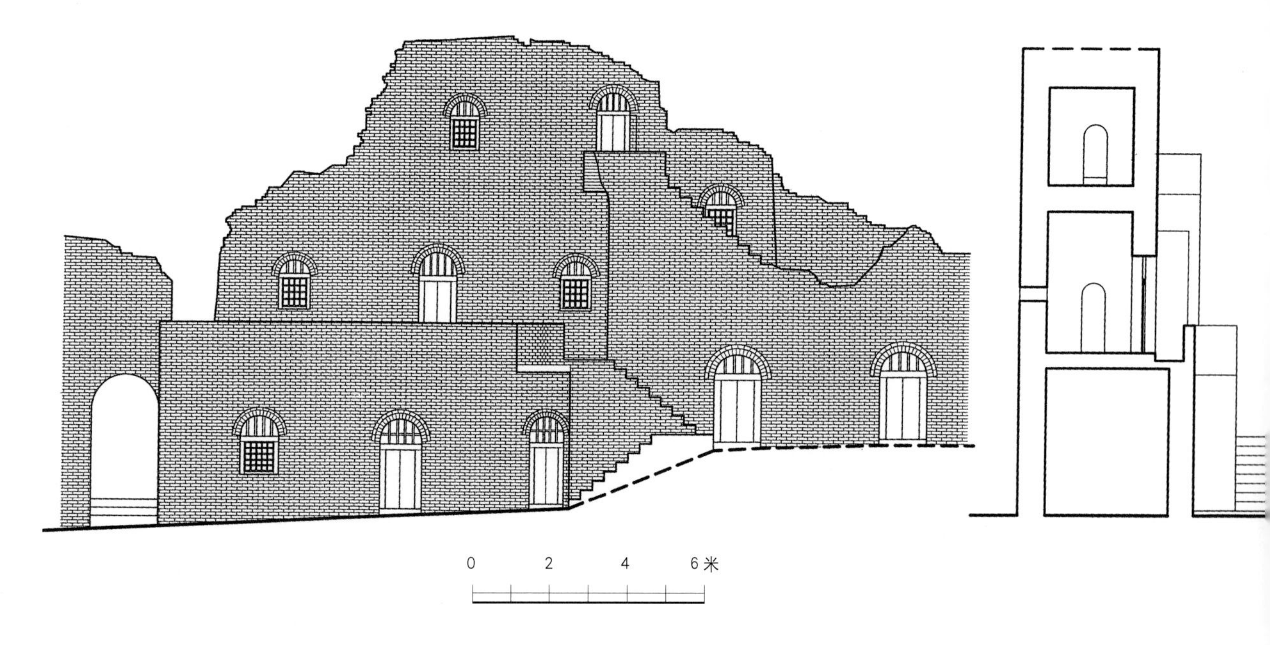

南城墙内侧城窑立面及南城墙内侧城窑剖面

二、农民军攻打郭峪村及筑城经过

有关明末李自成农民军攻打郭峪村及修墙建堡的过程，现存豫楼五层西墙的《焕宇变中自记碑》[①]中，记载得十分详细清晰。此碑高约90厘米，宽约180厘米，是当时村中社首王重新所撰，焕宇即王重新字。

自官军将王嘉胤部消灭在花儿沟后，郭峪村民放松了警惕。一年之后，明崇祯五年（1632年）七月十五日，农民军分两路向郭峪村袭来。中午时分，农民军哨马数匹来到村东史山岭塔堆地哨探，乡民奋力赶杀，探兵逃走。当天，农民军“夜宿于家山、长河、苇町、湘峪、樊山、郭庄等处。十六日卯，贼由两路合为一处。先至吾村东坡，东坡初开，拒敌甚勇。渐渐贼来众多，东坡事败”。东坡即招讨寨，即今侍郎寨。农民军攻打时，乡民凭借

① 以下关于农民军历次攻打郭峪村记载均引自《焕宇变中自记碑》，此碑现镶嵌在豫楼第五层西墙面上。

崇祯初年范招讨修建的寨墙作掩护，用自制的神枪火炮奋力还击。但农民军人多势众，又将寨墙轰塌多处，乡民只好退到寨中。农民军趁势将招讨寨四面围住，尽管“以吾村坚锐拒敌，而人心似为可恃也。不意午后云雾迷漫，大雨淋漓，神枪火炮置之无用。人在房上站立不定，虽有智勇无以施。贼乃乘雨，一拥前来，四面围绕。一村人民，欲逃无门。以十分计之，逃出者仅仅一二分。即有逃至山沟野地，又被搜山贼搜出”。农民军将俘获的乡民集中，逼他们交出钱财。交不出钱财或所交数令农民军不满者，均被严刑拷打，惨不忍睹。“贼于十六日至十七日夜间，将人百法苦拷，刀砍斧劈，损人耳目，断人手足，烧人肌肤，弓弦夹腿。火数家。即有苟存性命者，半多残躯。经查：杀伤烧死，缢梁投井，饿死小口，计有千余。……金银珠玉，骡马服饰，尽抢一空。猪羊牛只，蚕食已尽。家家户户无一物所存，无一物不毁。”农民军在村中五天，到四月二十日才离开。在这次灾难中，黄城村由于在明崇祯五年（1632年）已起造一座避难的河山楼，此时虽然尚未完全竣工，但陈氏合族避于楼内。楼内储备了大量的物资，有井供给充足的水源，农民军在围楼十余日不下后撤走，从而保全了陈氏八百余口人的生命。

农民军离开郭峪村后，又进攻周村、上庄等地，皆因有城墙而免遭劫难。“独周村保全一城，上佛保全一寨，吾乡保全陈宅（黄城）一楼，余皆破损。”这是农民军第一次攻打郭峪村。

同年十月初八，农民军又“自大阳、马村由长河来吾村”，乡民们见兵已到岭上，能逃的纷纷逃走，不能逃的急忙往煤窑中躲藏，结果“男妇一拥入窑，窑口窄小，踏死九十三口。上佛、井则、沟窑内亦如此，踏伤男妇五百余口”，情况十分凄惨。这是农民军第二次攻打郭峪村。

有了两次的教训，郭峪村

人开始集资筹款，重新加高加固招讨寨（侍郎寨）的寨墙。但招讨寨太小，乡民依旧忧心忡忡。为防备祸乱，一些村民便“各家攒钱造地洞数眼，皆由井口出入，见者以为极妙”。崇祯六年（1633年）四月十六日，农民军第三次进攻郭峪村，进村后“初不知人之去向，以为奇迹。及搜见一二人，百般拷问，一一引到洞口，贼尚不敢入”，于是“先用布裹干草，内加硫磺，人言藏火于内，用绳悬在井中，毒气熏入洞内，人以中毒，不觉昏迷气绝”，以至于“北门外井洞计伤八十余口，馆后井洞计伤数十人，崖上井洞计伤数十人，并吾村之藏于炭窑矿洞者，共伤三百余人，苦绝者数家”。这次农民军又劫走不少钱财。过了几日，官军杀到郭峪村，斩农民军首级千余，官军以为得胜，在周村庆功，犒赏三军。谁料，农民军却杀了个回马枪，第四次打到郭峪村。此次是郭峪村遭洗劫中最惨痛的一次，“杀死熏死，尸骸满地，天气炎热，臭气难堪，即有一二未受害者，天降瘟症，不拘男女大小十伤八九”。

农民军在郭峪村一带一次又一次的劫掠杀戮十分残酷。郭峪村人为自保曾想了很多办法，从最初的武装抵抗，到修小寨，掘地洞等，反招致更大的灾难。

现存的郭峪村城墙外景　林安权摄

郭峪村城墙内侧，以一层层窑的形式建筑，如蜜蜂的蜂巢，为此人称"蜂窝城" 林安权摄

自第四次农民军劫掠郭峪村之后，村民“无地有（？）避，每日惊慌，昼不敢入户造饭，腰系米食；夜不敢解衣歇卧，头枕干粮。观山望火，无一刻安然”。有钱有势的人家多避居县城或迁往较为安定的村庄，而“贫寒者为农事所羁，宿山卧岭，闻风惊走”。郭峪村没有了昔日的繁华，村庄凋残，一片荒凉。

几经劫难后，郭峪村曾任蓟北巡抚的张鹏云见郭峪村周围修有城堡或寨墙的村落一次次避免了生命财产的损失，建议修建寨墙，“极力倡议输财，以奠磐石之安”，并“劝谕有财者输财，有力者出力”。这倡议得到劫后余生者的一致拥护。人们积极行动起来，于崇祯八年（1635年）正月十七开工修城。郭峪村的社首富商王重新，亲自组织并筹资督工。他先自捐白银7000两，在他的带动下，乡民踊跃捐输，很快筹得白银数万两。没有钱的以役代捐。到崇祯九年（1636年）十月，不到十个月时间，郭峪村城

黄城村河山楼　李秋香摄

竣工。清同治《阳城县志》载："王重新，生有计智，去为贾，不数年赀雄邑中矣。明末寇乱，重新以金七千筑郭峪村寨。"《山西省阳城县乡土志·义行》篇中也记载了这件事。

明崇祯八年（1635年），农民军十三家七十二营的首领在河南荥阳聚集，共商战略之后，东征凤阳，然后转战中原。崇祯十年（1637年），农民军又一次占据阳城南山，并"在西乌岭口宛子城、沁阳、济源地方"频繁活动。尽管战争局势紧张，此时的郭峪村人却安稳地居于城中，感叹道："目击四方之乱，吾村可以高枕无忧，抑谁之力也?实乃张乡绅倡议成功赐福多矣。近自修城之后，士民安堵者几几如故。虽累年凶旱，未至大荒，衣食犹可粗足。"城墙的功绩，由此可见一斑。

为了完善城堡的瞭望设施，崇祯十三年（1640年）正月十五，王重新与村首们共同协商，又筹集资金，并请风水师"考极相方，爰宅厥中"[①]，在村落中央的一块高地上，建起一座与黄城村河山楼相似的七层高的硐楼。王重新在《焕宇变中自记》中说："予因崇祯十三年正月十五起修豫楼，即以佣工养育饥民数百，为一方保安。"这是一项以工代赈的工程，因为自崇祯十二年（1639年）起，飞蝗突起，雨雪全无，灾民很多，也是社会安定的隐患。古训"豫则安，不豫则殆"，"豫"为预防，含居安思危之意。登楼居高临下，可瞭望四方，了若指掌，盗贼无所遁形，为此，这座楼被称为"豫楼"。有了豫楼，加上高大坚固的城墙，郭峪村真可谓固若金汤。

三、修城轶事

郭峪村城不仅质量好，防御

① 见《焕宇重修豫楼记》碑，碑在豫楼内第六层墙上，本文转引自《郭峪村志》（赵振华、赵铁纪主编，1992年5月出版）。

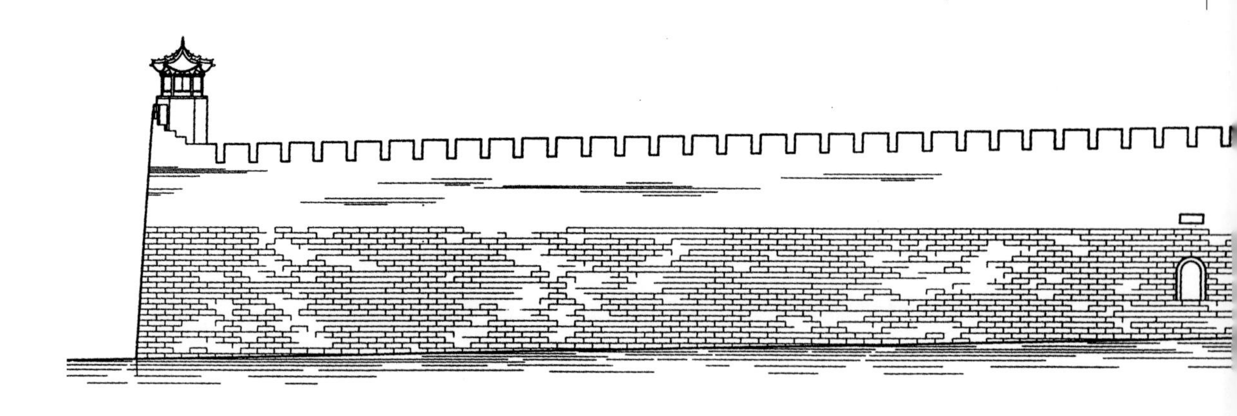

郭峪村东城墙现存立面

设施齐全，而且建设速度惊人。一座平均高12米，周围1400米的城仅用了不足十个月的时间即建成。当时的郭峪村已几遭劫掠，村人伤亡惨重，平日繁荣时尚无钱无力完成这一浩大工程，为何劫后余生，却在不长的时间内修成城墙，并在不久之后又建成豫楼呢？

明崇祯八年（1635年）郭峪村修城的钱主要靠村民捐资筹集，这说明农民军所抢掠的只是郭峪村的部分浮财，而乡绅们的财产并不限在村内。如王重新，因“外邻屡为侵侮，母氏在堂，相依为命，及弱冠，弃书就贾，贸易天（涯）……”（《碧山主人王重新自叙》）①他善经商，资本雄居州府，名闻四方，被人称为“活财神”。他所创“泰来号”，经营遍及山东、山西、南北直隶、两湖、江浙、上海、福建，雇员数百。他在村当社首多年，对公益事业乐于捐输，先捐资修郭峪村城，紧接着又捐资修豫楼。除了王重新，村中还有一些中等财力的商户及在外为官者捐资。

① 《碧山主人王重新自叙》碑已断为两段，均在现郭峪村村委会院内东厢铺地。

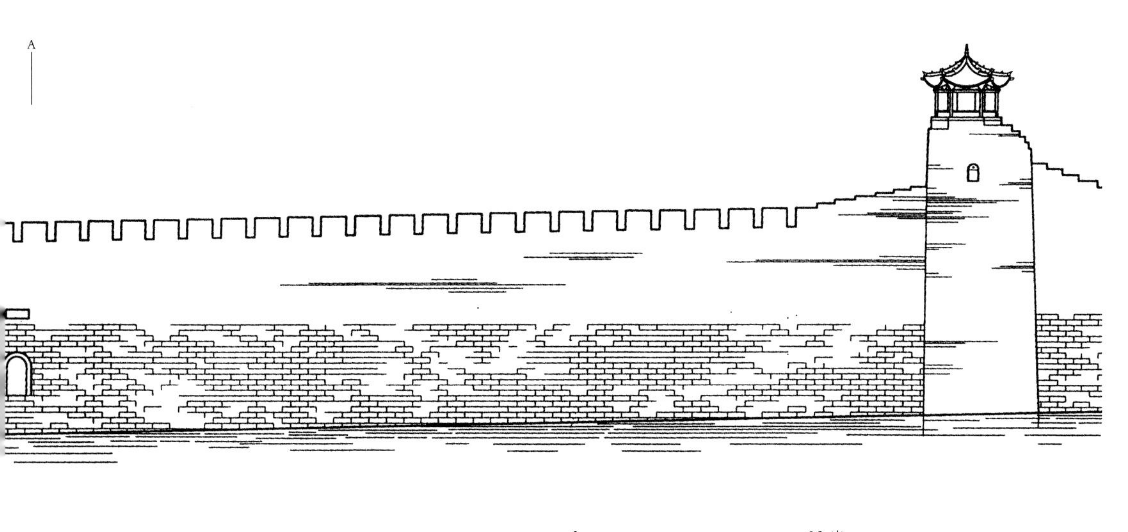

但修城的工程太大，耗资甚巨，而占大多数的小户为求得能避难于城内，也只好凑钱、借钱或用役工抵钱。郭峪村城修好后，郭峪村人像被榨干了一般，他们看到用自己的血汗筑起的雄伟壮丽的城墙，心中委屈，甚至很不满意。《邑侯大梁都老爷利民惠政碑》[①]载："……人见城垣完固，栋宇壮丽，辄谓富甲于诸镇，以空名而受实害，不知镇非富镇，里实穷里。今且镇虽不穷于皮，而穷于腹，里人更甚，私计不赡，国赋难办，茕茕里甲，非死即徙，劳且同归于尽。"这碑是清康熙十七年（1678年）所立，距郭峪村城完工只有四十余年。所谓惠政，指的是减免了赋税。当时，众多的百姓依旧没有从明末战争的重大财力损失中缓过气来，而坚壁高垒，对穷人来说究竟有什么用处，也很难说。

为修城动员了大量的劳力，除逃荒到郭峪村的饥民外，还雇用了一批河南的能工巧匠，有些是付现款，有些则是给予许诺——修城完毕后，可留下长住。

① 此碑现作为石料，铺砌在郭峪村汤帝庙大殿前的月台地面上。

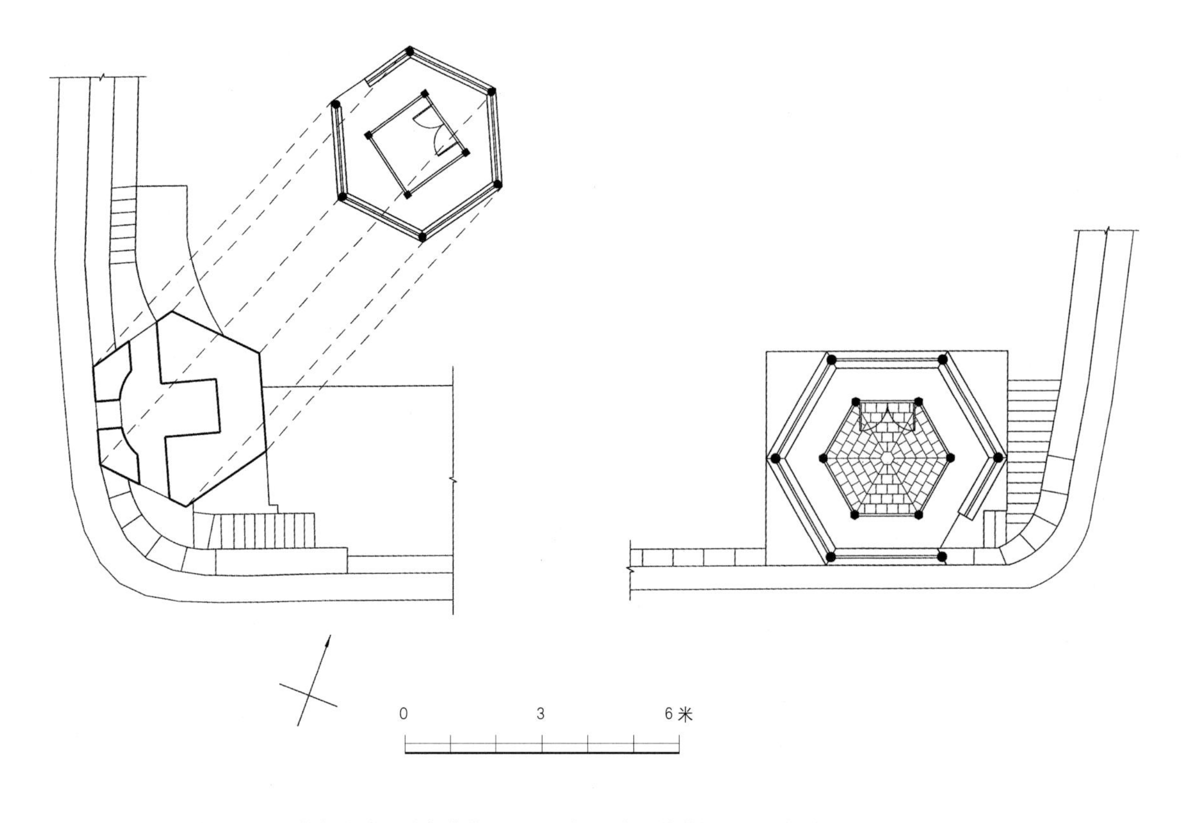

城墙上，东南和西南转角处分别建有菩萨阁及魁星阁，这是菩萨阁、魁星阁的平面

建城时，个别的富户既不愿捐银两，又不愿出工役。《郭峪村志》载，郭峪村“村东一户姓王的土财主，生性吝啬，视财如命，修城时，拒不捐银。村西一户姓蔡的大财主，更是有钱有势，财大气粗。他家的银子铸成碾盘大的银锭供在院中，炫耀万贯家财。蔡大财主有五个儿子，惯于舞枪弄棒，遇事横行，动辄拳脚，鱼肉乡邻。里人对其家恨之入骨，可又无计可施。当修城募捐银两的人到他家时，蔡财主却有意为难募捐人说：‘你们若能把院中的银锭搬走，我就把这银锭碾盘捐了修城，若抬不走，就别怪我不捐银。’如此大的银碾，别说两个人，就是十个人也抬不动。……此事在村中传开后，大家一致认为应对蔡财主和王财主予以惩治。于是在修城时，修到东门，本可沿樊溪

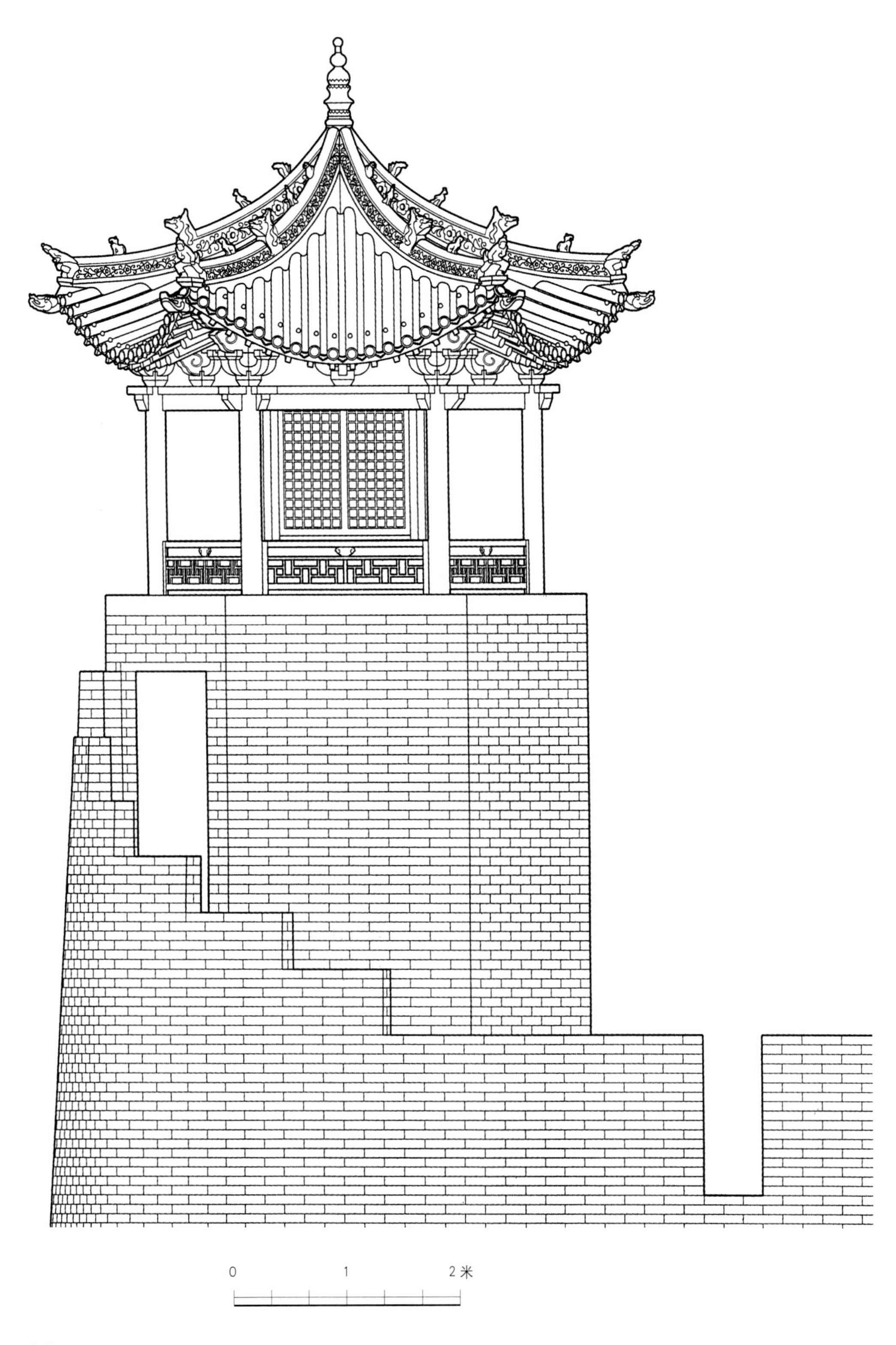

菩萨阁立面

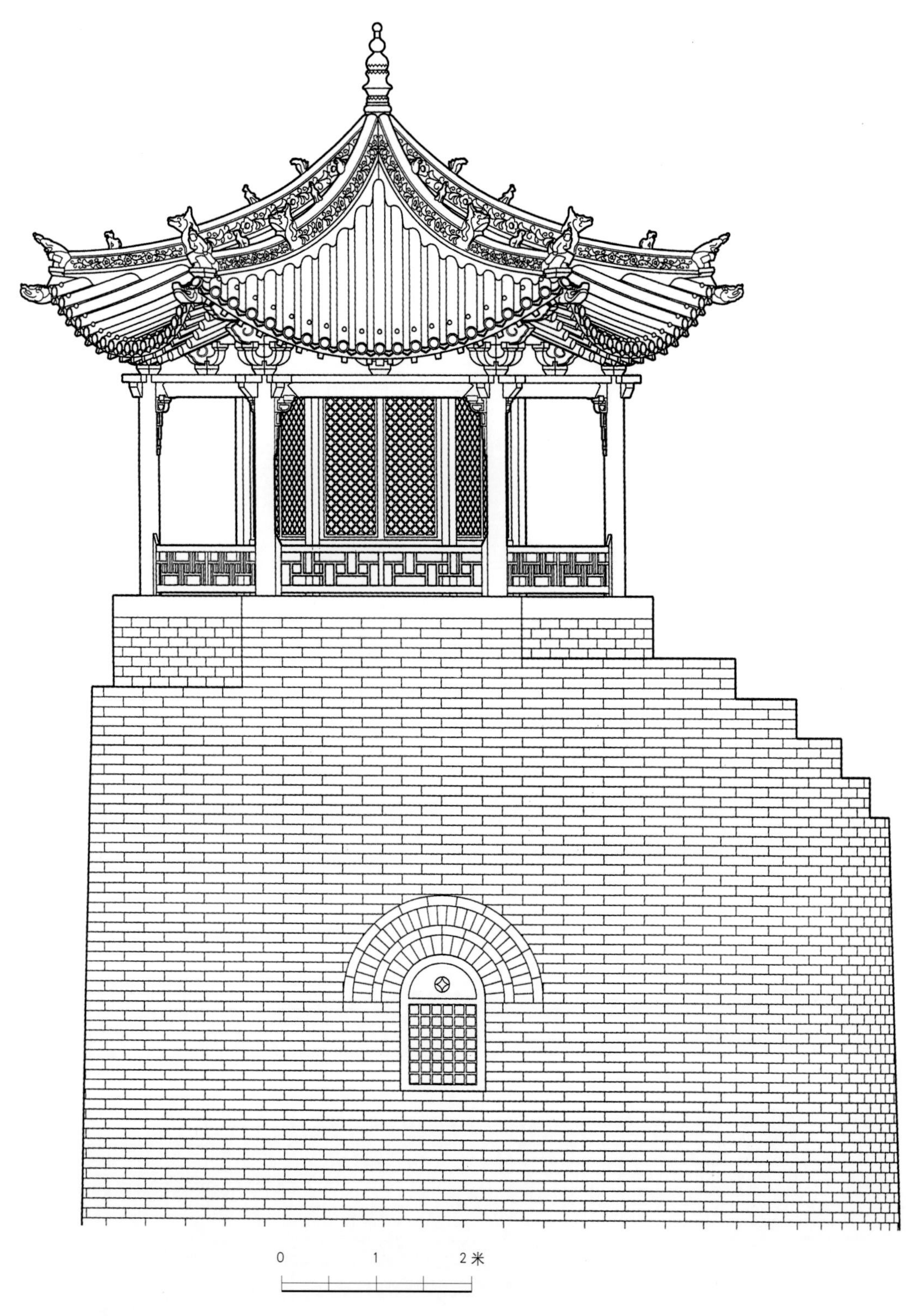

魁星阁立面

城墙与菩萨阁　楼庆西摄

直修，却有意将城墙掉角绕过王姓宅子，把它圈在了城外。修到西门，城墙本可从北再向南修一段，但却向里将蔡姓圈在了城外”。由于缺少了城的保护，蔡姓很快衰败了。也正因为有意将蔡姓圈在城外，致使西城门处地段十分狭窄，西门与汤帝庙的大门挤在一起。

虽然郭峪村城建造十分仓促，但建城前还是进行了周密的设计，如城门位置、角楼、敌楼、城窑等，甚至请来了风水师，堪舆定相，使未来之城，能成为保民一方的风水吉地。城的东侧基本上沿樊溪河岸，从北向南，但撇出王姓宅子。到泄洪的南沟以南八十米处，城墙转向西，沿山坡直到小西沟口，撇出蔡姓宅子，到庄岭的南坡下，然后又沿庄岭的自然陡坎从南向北。北城墙沿北沟的南岸由西向东。当时沟北有三槐庄，自古属郭峪村，住着几户人家，但此处所居多为贫穷的小姓“贱民”，与村中大姓素有冲突。大概因为怕他们在农民军进攻时成为“不稳定因素”，所以没有把三槐庄围在城墙内。风水术上的解释是：如将三槐庄围入城中，整座城的形状像利器，十分不吉。抛开了三槐庄，郭峪村城俯瞰如斗形，有利于聚财，或说如一只蜂窝，子孙繁盛，也与城墙结构上形成的蜂窝城相契合。风水术起了维护占统治地位的权势阶级的作用。

四、城墙、豫楼的基本形制及使用

1.城墙及城门的形制

郭峪村城从河边到坡上，顺地势修建，平均高度为12米。东城墙造在樊溪河堤岸上，因雨季洪水经常冲毁堤岸，便借修筑城墙之机加固河堤，这就使东城墙连堤岸高达18米。[①]

郭峪村城墙的建构十分独特，从外侧看它与普通城墙完全相同，但从内侧看，它的下部随地段不同却是一层至三层砖窑。三层砖窑约占城墙总高的四分之三，窑顶上的城墙像一带女儿墙。这种以窑成城的建造方式在阳城一带常见，是在战乱的紧迫形势下最佳的建城方式。这种形式的城墙：一可比实心厚墙节省大量的砖石土方，减少人力物力的投入；二可以提高建造速度，缩短工期而仍十分坚固；三，当时村舍毁坏严重，城窑的一部分马上能解决不少人的居住问题。最重要的，大约是为了给可能调来的官兵当临时的营房。与流动的农民军作战，官兵经常要大量调动，有城窑可住，便减轻对居民的骚扰，也便于管理。由于城窑沿内城密排，一孔接一孔，一层叠一层，因此人们形象地称这种形式的城为“蜂窝城”。最底层的城窑进深最大，平均达5.3米左右。跨度平均每孔在3米左右。在地段狭窄处，如村落西

① 近年沿东城根建了汽车路，培高了路基，城墙因此显得矮了。

明崇祯年间建起防御性的豫楼　林安权摄

北，底层窑进深最小的只有2米左右，因此不再建第二层及第三层城窑，在底层窑上直接建城墙。碰到特殊的地段，如突然上坡下坡，底层城窑跨度仅有1米多，村民称“半个窑”。全城底层大窑共266.5孔。第二层称中窑，一般比第一层大窑进深小，约为4.5米。朝城内一侧，大窑上留出1米宽的走道。中窑的跨度均小于大窑，为2.3米左右，中窑共计231.5孔。第三层称小窑，内侧也留有走道1米，进深只有3.5米，跨度2米左右，小窑共计129.5孔。中窑小窑也都有“半个窑”。在小窑之上则是城头的巡逻马道，宽为2.4米左右，两侧筑不高的女儿墙，外侧女儿墙头有雉堞。中窑、小窑比底层大窑少，是因为有些段落只有一层或两层窑。由于建城时分段包工，所以全城做法并不统一。

豫楼内部十分宽敞　林安权摄

豫楼底层存有为储藏、生活所用的各种功能设施，如水井、灶台、碾子、磨、厕所、粮仓，还有逃生的地道等　林安权摄

底层城窑平日可住看窑人、守更人，或逃荒暂无去处的饥民。到战时，窑内可屯兵。城窑还有一大部分用来储藏，如当年

郭峪村曾自制火枪、火炮、弹药，就曾存储在此。另外，还可储存战时所需的药材和粮食。中窑和小窑不能住人，为了防守的需要，登中窑和小窑的台阶只建在敌楼边，便于看守。

为使城墙坚固，在东城沿溪易遭洪水冲刷的地段，堤岸用方石筑造，墙体外侧下部采用整齐的大条石砌筑，到上部才改为青砖。其他几面，除基础用石块外，均用青砖，整齐美观。

城墙周长共为1400米有余，城堞450个，城内总面积为17.9万平方米[①]，共设有三个城门，因排洪需要还有两个水门。城墙的三个城门分别为东门、西门、北门。东门位于东城墙的中部，称为“景阳门”，已全毁。西门位于城的西南转角处，城门洞之上嵌石质门额，书“永安门”，上款为“大明崇祯八年正月吉日建”，下款为“钦差巡抚山西地方提督荐荫华关都察院右佥都御史吴甡题”，黑底金字，十分庄重。北门正对去三槐庄的路口，出门便是大洪沟，建有一座石板桥。现城楼已毁，门的名称已失落。

城门洞做成2米多宽的拱券，“天圆地方”，高约3米左右。门内侧两旁有暗窑，供守门、巡夜者居住。城门采用厚重的双扇木板门，外侧镶铁皮，内侧有门闩和横杠等。木板门外可插石条，在感到不安全时，将石条水平地从城门洞边上的槽口一块块地放下叠起，将门封闭。城门之外还有粗大的木栅栏和鹿角。城门洞之上建有城楼。北门的城楼已毁，据村民回忆：下为两层城窑，上为木结构的三间硬山屋，单层；上层朝城外的一面为木廊木槅扇，朝城内的一面为封护砖墙，开“天圆地方”的窗洞；下层对外有“天圆地方”的窗孔，对内无窗。北城楼内部三开间为通间，下层有条案、八仙桌

① 《郭峪村志》，赵振华、赵铁纪主编，1992年 5月出版，第75页。

及供奉着关帝的神龛，也供奉着“老爷”（即狐仙），作为镇城护村之神。上层的作用主要是瞭望，因此对外有窗。整座城门壮观威严。东门城楼与北门相同。

西门由于处于汤帝庙的入口一旁，出西门便是深约五米的小西沟。明末清初，门外十步至三十步便有小煤窑，后来崩塌，所以地段局促，城门便依汤帝庙西南墙角而建。城门洞上的城楼为两层，各三间，上层朝城内、外均建有木檐廊，便于观察敌情。紧靠西门南侧是城墙的转角处，因建城时将蔡家圈在城外，怕蔡家报复，在这里建起一座三层的角楼，一层为城窑，二层内供“五老倌”，塑了五座凶神恶煞的像①，日夜监视蔡家如狼似虎的五个儿子。由于西门外正对小西沟口，因此角楼有意向西凸出一点，北侧连接一带照壁墙，把西门挡在内侧。出西门随照壁向北转便上庄岭山了。角楼有如凸堡，居高临下正好控制西门入口，大大增强了西门的防御力。

小西沟位于郭峪村的西南，每逢雨季洪水泛滥，这里的水便直向村子冲来，在未建城墙之前，山水汇集顺着南沟排入樊溪河内。建城时，村民特地在小西沟入南沟处建一座西水门以通水路，因其为入村水门，位置高，称“高水门”。高水门为防洪而设，为了安全，平时在门内插上密密的木杠，遇有匪情，在木杠之外再插大石条封闭。

南沟下泄山洪，在村东城根有一座出水口，称“东水门”，因位置低，又称“低水门”。曾任蓟北巡抚的张鹏云，题东水门的门额为“金汤”，既赞郭峪村城固若金城汤池，又题在水门上，字面很贴切。上款为“崇祯八年正月吉日建”。东水门的门洞距河面有近六米高，为了安全，也有木杠及石闸的装置。东、西水门虽不是正规的城门，但城墙之上

① 有一种说法，“五老倌”是五虎上将，即关羽、张飞、黄忠、马超、赵云。

也建城楼，便于瞭望。

鉴于东门之重要，特在城的东南樊溪河上建护城石闸。民国二十五年《重修石闸碑记》[①]载：“城之东旧有护城石闸，连闸近城之处有大王庙一所。庙虽不大，而望之俨然，实一城之保障也。石闸屡坏屡修，不知凡经几次。”现在石闸已不存，它的确切位置、形制和用途已不可考。

城墙四角建角楼，另外全城共有敌楼六座。从东城门沿樊溪河岸向北的一段有两座敌楼，一座为三层，一座为五层。北门东侧有一座敌楼，从北门沿庄岭向西门一段又有两座。从城西的高水门到东南角楼中间也有一座，为三层。角楼和敌楼有瞭望窗、射击孔。敌楼及城墙上相距不远有一个向下的孔洞，猜测或许是下望城根或防御敌人架梯爬墙时

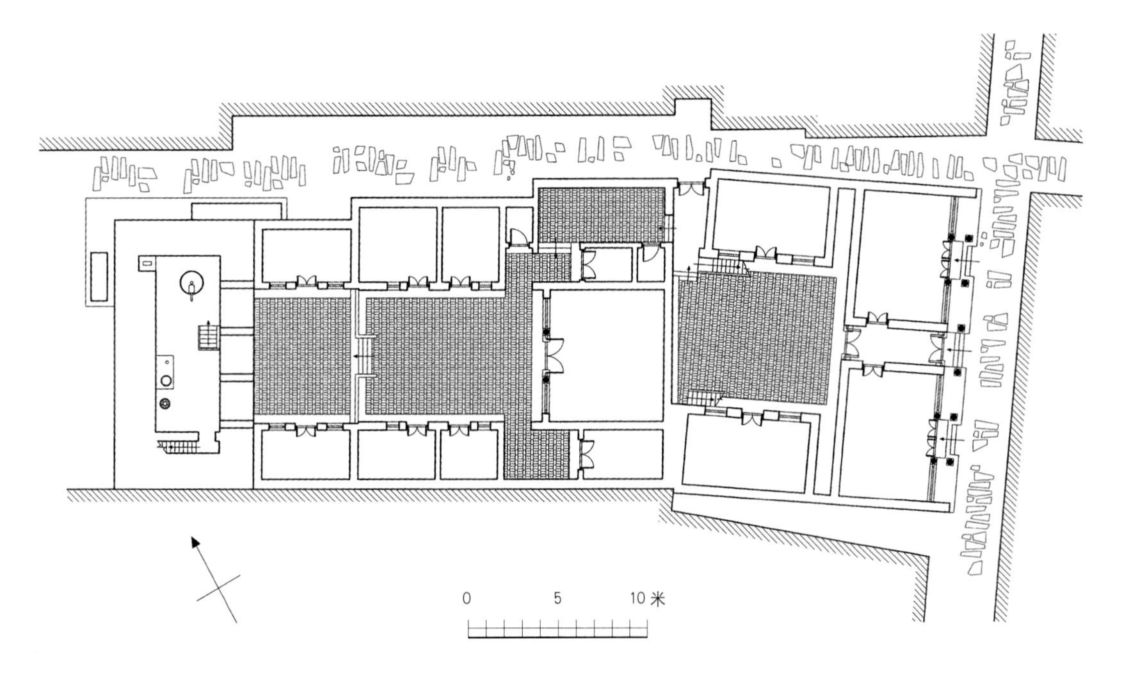

豫楼及前院总平面

① 《重修石闸碑记》石碑现在郭峪村汤帝庙内下院地上。

用的。西边的城墙，因靠庄岭山麓，攻城之敌可居高威胁城内，据村民说，西部的敌楼、角楼因此有两座建成五层高，可惜现在已毁。

从东门向南，城墙上建有魁星阁，正处在全村的东南方，即巽位，合乎风水要求。城东南角楼上有关帝阁（俗称“菩萨阁”）。这两个阁均为六角形木结构亭，飞檐高挑，色彩绚丽，在巍峨高耸的城墙之上，格外耀眼，在从北留和润城来的大路上，为郭峪村城生色不少。

2.豫楼的结构特点及防御体系

郭峪村城建好后，在村落中部又建成七层的豫楼，高达30米，

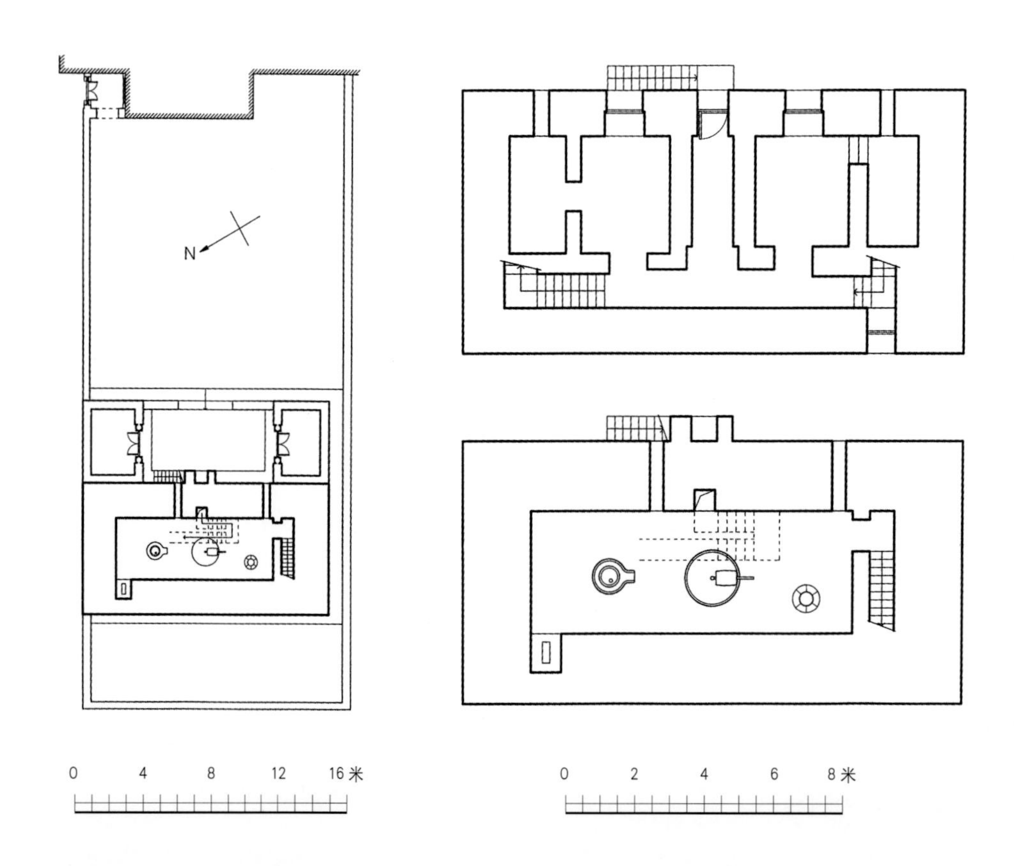

豫楼总平面（左）及豫楼一、二层平面（右）

豫楼修复前正立面

修复前豫楼内毁坏状况　李秋香摄

豫楼修复后正立面

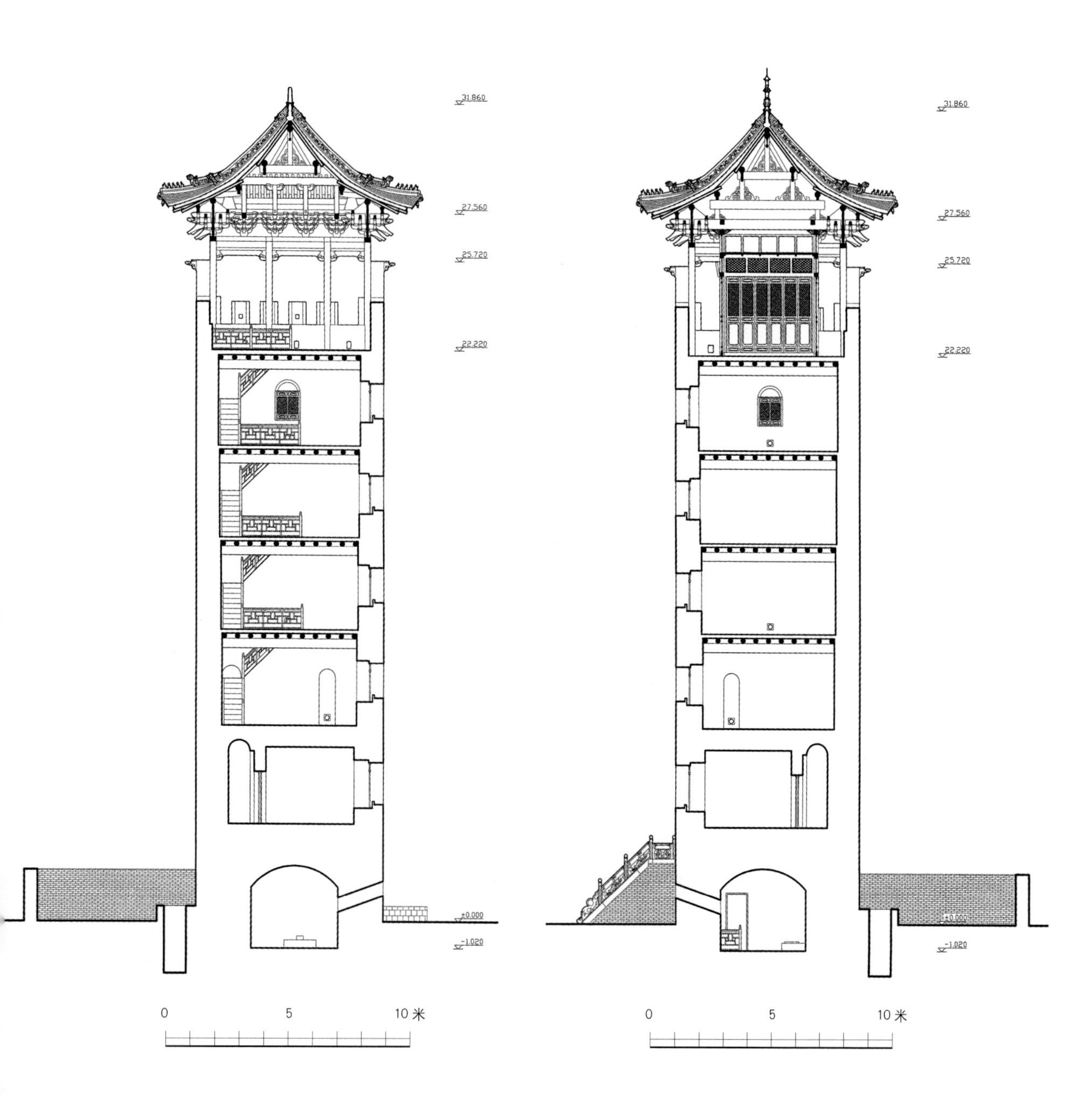

豫楼修复后剖面（一）

豫楼修复后剖面（二）

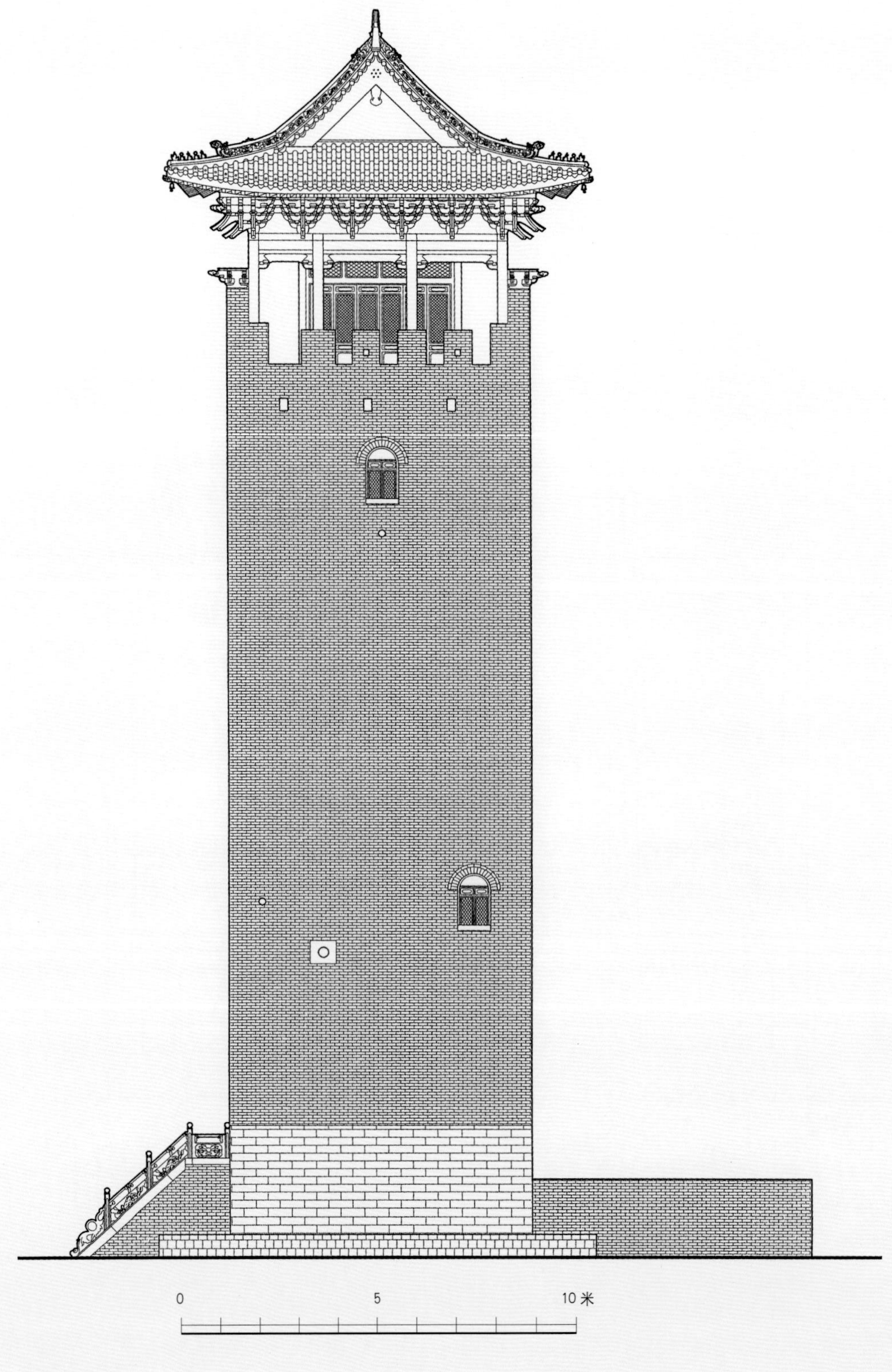

豫楼侧立面

不仅村落各个方位均能看到，而且登上豫楼可瞭望方圆数里的情况，大大增强了城的防御能力。风水术士附会说，郭峪村城像个蜂窝，豫楼是蜂窝柄，村民会多子多孙。

豫楼位于前街的西侧，下范家院的西北角上，此处地势较高。因郭峪村人口多，故豫楼比黄城村的河山楼略大。楼坐西面东，面阔15米，五开间，进深7.5米，三开间。[①]楼前后有院落围合，前院面积约200多平方米，院门还大体完好。

豫楼的底层为半地下层，全部采用大块的石材砌筑墙基及墙体，上覆砖券窑洞。为防备被围困，底层中储备粮食和燃料，还有水井，置石碾、石磨，并设有茅厕，并有秘密的砖拱地道分别通到北门外和西门外。底层以上用青砖砌墙，墙体厚达2米，每递高一层，墙内侧退12—15厘米。为便于搁楼板，至第七层，墙厚0.8米。但楼外墙体却保持四角垂直，四墙平展，高耸挺拔。豫楼的唯一大门开在距地面1.2米的第二层的正中，门前设台阶。大门洞之上镶有泽州庠生王珩于明崇祯十三年（1640年）所题“豫楼”二字。

为便于防守，豫楼的大门仅有80厘米宽。大门设两道门扇：外门为石板扇，不怕火攻；内门为小板扇，有铁销闩杠。在第二层大门上方墙壁上有4个炮眼及小窗，以备敌人攻门时进行防御之用。第二层内有石阶可下到底层，有木梯可通到第三层及以上。

第二层的结构亦为五孔砖窑，第三层以上，均采用木构架、木楼板。每层楼的东面均开窗，第六层为东西两面开窗。在第四层的东面正中，现存一个门洞，据说当年有一个出挑的木阳台，用于观察敌情。第六层，南、北墙上也各开一窗。第七层

① 《焕宇重修豫楼记》载：“纵二丈三尺许，横四丈五尺。”

之上四周有34个砖堞。砖堞之上有木梁枋，以斗栱承托歇山式屋顶。屋顶的四角高翘，挂有铁马，山风吹起，叮当作响。屋顶已全毁（现所见为修复后的样子）。第七层窗下墙上有上下两排孔洞，显然是架设挑台用的。现在挑台已毁。

豫楼的窗户主要开在东面，西侧为庄岭山麓，地势较高，所以仅在六层开窗，南、北两侧墙亦只在六层开窗，西侧二、三层及北侧各开有一窗，但窗洞很小，仅供楼梯间采光。窗洞的形式便于防御，做成内大外小的喇叭口状。窗扇做两层，内侧为双扇实木窗扇，外侧为方形木窗格。

豫楼不仅用厚而高的实墙作消极的防御，同时还广设射击孔，储备滚木礌石作积极的抗击。

在七层，周边共有34个砖堞，窗下墙的位置还有两排孔洞，上面一排是瞭望孔，下面一排，有约30°由内往外倾斜的角度，是射击孔，居高临下，敌人很难靠近豫楼墙根。在豫楼的砖堞间还存放有一些大石块，一旦敌人靠近墙根时，将大石块推下，或是往下扔碎石圆木，也可以很好地打击敌人。另外，在各层窗户处亦设计有向外射击、放箭的射击孔。这样，上下、左右形成交叉的射击网，大大提高了豫楼的积极防御效果。

对于攻击所需的各种火器、石木等，主要依靠平时的储备。豫楼内有一口水井，深二十余米，井底有大量的石块，用来过滤水的，但一有敌情，即可将水井中的石块淘出，当作武器使用。豫楼的七层在砖堞之间也存放大量石头战时备用。而这些御敌的石块，则是通过设计在六层东北墙角的几个大铁环来进行吊装运输，建造者考虑得十分周详。自豫楼建成后，有村人轮流放哨，一有敌情便发出警报，村人迅速躲入楼内，之后农民军及流寇再也没有对村民人身造成重大伤害。

3.豫楼内的生活设施

豫楼除了具备防御和抗击的各种功能外，还可以满足持久战的各种要求。因为在敌人攻楼难破的情形下，围住楼四周并等待楼内“弹尽粮绝”以伺机破楼自然是最好的办法。

豫楼现状　林安权摄

楼内底层建有各种生活设施：水井，碾磨，粮食、柴火、煤炭的储备、运输的地道以及茅厕。

三层也有一个茅厕，《焕宇重修豫楼记》载：“至如石樵管茅木炭麻脂米铁井灶，藏积其中。”楼内茅厕的设置颇为巧妙，底层的厕所整体藏在墙内，只有一面对着室内，用时以屏风遮挡，则里外互不影响，三层厕所亦做成隔间状；另外厕所的管道设置也很科学，由于外墙比较厚，所以便在墙内（蹲坑的位置）留出一段空洞，作为竖管，蹲坑剖面往竖管倾斜，三层的要比一层的陡得多，如此一来，粪便就可以顺畅地排到楼外，保证了楼内的清洁卫生。底层厕所在西北角，而三层厕所在东北角，

这是与郭峪村相邻的黄城村的河山楼。它的功能、建筑结构与形式均与郭峪村的豫楼相同　李秋香摄

于是建造者便在紧贴北侧墙的地方砌筑粪坑，上面盖上条石，并覆以沙土，这样从外面便看不出来了。

在各种防御都宣告无效的情况下，豫楼还提供了一种逃生的途径：从底层东侧墙上的壁龛进入，往下有一秘道，可通往西门外和北门外（据说各家各户亦可由地道进入豫楼），由此秘道出入豫楼，仅在靠近豫楼基础附近有一道石门，两道木门，门后均有横杠加固，敌人若想由此攻入，几乎不可能。

五、城墙的管理与维护

在村落建筑中，水平最高的是公共建筑，而最难维护管理的也往往是公共建筑，这在宗族血缘村落如此，在杂姓聚集的村落中更是如此。相比之下，郭峪村对公共建筑，特别是对维护一村安全的城墙的管理，却有一套行之有效的办法，使这座关系到郭峪村百姓安全的庞大建筑，在以后的几百年一直完好无损。

清初，战争过去了，经济开始复苏，郭峪村的煤矿及附近的商贸贩运又逐渐繁忙起来。外来人口日趋增多，城内住宅有限，于是村社将城窑租借给外来者和一部分本村小户。由于城窑租金便宜，没有钱交租金的人，可以做工代替，一些较早住进城窑的本村人便利用它们做起二房东

豫楼是村子标志性建筑，村子的各个位置抬头就能看到，遇有突发事件时，能及时找到方位　林安权摄

来。一些外来户不爱护城窑，在里面养牲口、堆放干草、晾晒酒糟，失火、塌漏、破损等意外事故时常发生，甚至存在敌楼中的药品、军械也有遗失。这种情况引起了村社的高度重视，为此在清顺治十三年（1656）十一月，村社专门向居住在郭峪村城内的人颁布了《城窑公约》（以下简称为“《公约》”），作为维护管理郭峪村城的永久制度。

《公约》中强调：“谛观久安之利大矣哉，然而非易事也。不明其害不能安其利，不防其所以害，亦不能久享其利也。本镇之城由无而有，由卑而高，其图安之计，无不至矣。然一时之利小，万世之安大，何以使有基勿坏乎？非勤为修葺之不可。”并列举一些人“或抗租不与，或拖欠不完，或霸窑为己物，其有害于城与守者非浅小也，欲同享久安之利，岂可得哉。因勒款于左，以冀后之人相传勿替云”。

为管理便利，《公约》中首先将大小窑数逐一统计，并编成窑号一一对应，如“东面大窑共肆拾捌号，计柒拾柒眼半，中窑共叁拾柒号，计伍拾捌眼半。西面大窑共肆拾肆号，计陆拾眼半……南面大窑共肆拾号，计柒拾陆眼半，中窑共叁拾叁号，计陆拾柒眼，小窑共拾柒号，计叁拾贰眼半”，等等。其次，《公约》定出各类每季（春夏秋冬）租金定额、交纳时限，如“租有定额，大窑每眼银伍钱，放草加银壹钱，中窑每眼银叁钱，小窑每眼银壹钱，其中有大者量增，小者量减”。再次，委派专人管理，设有城长、管窑人，并订定管理人员的各项职责，如，管理人员负责清理，收各季窑银，催督清理城窑水道淤堵等。最后，制定了对违犯《城窑公约》者的惩罚，如“租银按四季交完，如过季不完者，即令移去，有倚强不去者，罚银贰两”，“窑只许住人、放物，不许喂牲口、作践，违者罚银伍两”，“各面城楼俱设锁钥，付总城长管理，即托附近住窑者照看锁钥，疏通水道。照实勤者，窑租量减，失误者重罚”，“违犯条约，强梁不服者，阖城鸣之于官，以法惩治”，等等。

《城窑公约》颁布之后，村社管理加强，村民也主动维护，城墙及各类防御设施时时处于战备状态。而附近的村落，如黄城村，自战乱过后，轻视村落防御，城墙、河山楼破损也不及时修补。清雍正五年（1727年），距明末农民战争94年之后，阳城一带爆发了以靳广为首的农民暴动，战事波及到郭峪村一带。郭峪村有坚固的城墙护卫，镇定自若。黄城村陈氏一族只得到郭峪村城中避难。为此，陈廷敬的孙女陈静渊特地写了《盗警移居》《复移居郭峪村上庄》二诗。《盗警移居》记：

山村暴客蜂蚊集，
呼啸声喧苦相逼。
乡人狼狈东西驰，
晓暮何曾暂休息。
迁居余亦随比邻，
轻装草草车辚辚。
借得枝栖但容膝，
壁满蛛丝庭满尘。
悲凉更对娟娟月，
虫响新秋连夜发。
惊魂未定意惚慌，
怪事无端空自咄。

(雍正五年六月匪兴，靳广聚众作耗，乡人奔避，诗作于斯时。)

这次突发事件使郭峪村人尝到了常备不懈的好处，对城及楼的维护管理更加重视。清道光十五年（1835年），河水冲坏了东北城部分城基，村人主动捐资及时修补，并立碑以告后人。一百年之后的1936年，大水冲毁了东水门及大王庙，此时郭峪村经济衰落，《重修石闸碑记》载，“欲修复之，顾需费既多，村人又穷苦无力”，但仍积极抢修，“村人义务服役者，先后一千二百九十工”。郭峪村城所以能保存至今，有赖严格的管理与维护。

第六章 | 庙宇及其他建筑

一、汤帝庙

二、文庙

三、白云观

四、文峰塔

五、文昌阁

六、西山庙

七、土地庙

八、“无妄费”

郭峪村有很多庙宇。像全国各地一样，“有求必应”的神灵，各司其职，涵盖了生活和生产的一切方面，它们是无情世界里的感情所托。

阳城一带山岭沟壑多，自然条件差，四季中气候差异大。年平均640毫米降水主要集中在7、8、9三个月，水来得急来得猛，常常形成山洪。而每年冬季到来年春季，雨量又极少，酿成干旱，旱必虫生。因此，自古以来阳城一带旱、涝、虫灾频繁，大灾几年一次，小灾年年有。郭峪村位于沟谷中，遇灾的机会就更多。王重新《焕宇变中自记》载：“崇祯十二年（1639年）六月间飞蝗突起，自东南而来，遮云蔽日，食害田苗者几半。蝗飞北去未几而蝻虫后作，阴黑匝地者尺许，穷山延谷以至家室房闱间无所不到。谷豆禾黍等食无遗草。秋至明年三月尽，雨雪全无，怪风时作，桑叶等类皆刮而食之，人相食者间出。”又据《郭峪村志》载：“清乾隆五十七年（1792年）大旱，人相食。光绪三年（1877年）前后，大旱三年，村中人死过半，出现人吃人的惨象。民国三十二年（1943年）大旱，次年村内死百余口。”面对各种灾害，古人无计可施，只能求助于超自然的力量，于是就强化了对各路神灵的崇拜。这种崇拜的重要方式之一就是为神灵建庙。所以，村落及山坡间依次建起了汤

郭峪村的汤帝庙　林安权摄

郭峪村的汤帝庙是山西阳城一带最大的庙宇，它的入口为三开间，两侧是高大的角楼，气势磅礴　林安权摄

帝庙、马王庙、虫王庙、土地庙、蚕神庙，等等。

在实际生活中，人们的需求是多方面的，在生活有了基本保障之后，自然产生各种新的追求。如：保佑身体健康，无病无痛；希冀金榜题名，功成名就；祈求商路顺畅，财源潮涌；渴望人丁兴旺，家族昌盛……这些企盼与神灵有关，为此，又有了主治病的药王庙、五瘟神庙、咽喉神庙，眼光娘娘庙，有了主文运的文庙、文昌阁、文峰塔、魁星阁；有了兼主财运的关帝庙，有了主管生育的观音殿及高谋殿①。除此之外，还有各种职司不明但可能什么事都管的庙宇，如白云观、庵后庙、三大士殿、五老倌庙、大王庙，等等。郭峪村内村外先后共有近二十座大小庙宇，客观地反映了一个古代村落百姓们的实际需要和精神寄托。

庙宇其实又是一方的文化娱乐中心和集市贸易中心。好多庙宇每年举办一次或两次庙会，届时，鼓乐喧天，商贩云集，为单调的农村生活中的盛事。

庙宇大多是村落的建筑艺术重点作品，飞檐翼角，琉璃彩画，而且占着形胜之地，所以它们点缀山川，丰富了村落和它的环境的景观风貌，并且给山川以人文气息。

郭峪村建庙，王重新仍然出钱出力最多。清顺治九年（1652年），王重新捐银七百两修汤帝庙，捐地十亩二分为庙产。顺治十三年（1656年），重修西山庙，王重新又捐银一千二百两。

一、汤帝庙

郭峪村最重要的庙宇是汤帝庙，所祀的便是商代的汤王。汤

① 高谋神来历不明，《阳城文史资料》第11期中把高谋殿又称作“娘娘殿”，是人们求子的地方。殿中通常供有两尊神像，一尊为高娘娘的像，塑成男身（原因不明），另一尊为送子娘娘像，手中抱着婴儿。在高谋殿的神台上，通常摆着许多约20厘米大小的泥像，求子的人们烧香叩拜后即抱一个泥像回家，待她们怀孕生子后，再把泥像送回殿中还愿。

帝庙始建于元代至正年间(1341—1368年)。考虑到庙宇对村子的护佑作用,特将庙址选在村西南的坡上,整个村落的最高点,庄岭支脉尽端的“真穴”上。明《重修汤帝庙舞楼记》中称,汤帝庙在“郭峪村镇之西南隅,地势峻而风脉甚劲”。[①]

汤帝庙在阳城一带很普遍,但在其他省份乃至山西其他大部分地区却没有。传说商代初年,濩泽大旱,阳城一带一连几个月赤日红天,未下过一滴雨,地晒得板结而龟裂,庄稼种不上。老百姓又急又慌毫无办法。汤王听说此事,便亲临阳城之南30公里析城山上一处称为桑林的地方,祈祷求雨,将曝晒、干渴均置之度外,一连二十几天。汤王的诚心感动了上天,阳城一带普降甘霖,解除了大旱,驱脱了百姓的愁苦。《竹书纪年》记载:“汤二十四年,大旱,王祷于桑林,雨。”由于这次祈雨成功,析城山的桑林以后成为商汤专门祷雨之处。清同治《阳城县志》载:“析城桑林为商汤祷雨处,见于《括地志》《寰宇记》诸书,其言有所本。汤都偃师去县二百余里,桑林正畿内地,祷雨必有事于名山,析城正名山也。”

百姓们为了感谢汤帝,在析城山上建起一座汤帝祠,“每年仲春,数百里外皆来汤祠祷,取神水归,以祈有年”(见《阳城县志》)。到北宋神宗熙宁九年(1076年),沁河以东大旱,当时的河东军委通判王伾祷雨于析城有应,上书朝廷,神宗于熙宁十年(1077年)五月传旨封析城山神为“诚应侯”。徽宗政和六年(1116年)六月又赐封殷成汤庙额为“广渊之庙”。北宋宣和七年(1125年),汤帝庙因战乱遭兵毁,徽宗便下诏择地二亩重修了汤庙200楹,并装饰庙像,庙宇金碧辉煌。由于阳城十年九旱,人们求雨心切,汤帝崇拜愈演愈

① 此碑现存汤帝庙西看楼第二层墙上。

(上图) 汤帝庙大殿建在高大的露台上，九开间　李秋香摄
(下图) 从汤帝庙大殿看戏台　林安权摄

汤帝庙大殿内供奉着汤帝、关帝、土地等神　林安权摄

汤帝庙内院厢房　林安权摄

汤帝庙大匾为清顺治元年题刻　李秋香摄

盛。以后析城山汤帝庙虽数次毁于兵火，规模却越建越大。阳城乡间村落，尤其是东乡，即沁河以东地区，也纷纷建起汤帝庙。

现存的郭峪村汤帝庙是阳城乡村中规模最大的庙宇，但元代初建时，仅是一个三合院的小庙，坐北朝南，北高南低，以后历次增建，到清顺治时形成了现在的样子。庙虽建起来了，由于没有庙产，无力请道士入庙住持，缺少专人管理，不多年即遭损坏火毁。顺治九年《郭峪村镇重建大庙记碑》记载："考本镇大庙创修以元季，从未曾设立住持以为焚修，又无地亩以为养赡。因是教读者假为学馆，一时失检，庙被火焚。……且镇之人每借口庙为公所，径以污秽之物寄放其中，不惟亵渎神圣，抑且作毁之甚也。"①

明正德年间（1506—1522年），此庙第一次扩建，碑上记，在"正殿后创修庙房十间"。清顺治九年（1652年）又拆旧重修。其一，重修时再次扩大庙址，全庙分成上下两院，上院较下院高出约2.8米，院中铺青砖地面，并在上院前沿修起石栏，中央建石阶供上下。碑中记载："正殿九间，东、西殿各三间，东、西角殿各三间"，建

① 此碑现嵌汤帝庙舞台东侧廊下墙上。

起大门及戏楼，“旧无门，无戏楼，肇为三门而戏台在其上，其旁两楼以藏社物。门外厦五间。其旁两楼以置钟鼓”。原有的三合院扩展成分为上、下院的四合院落。其二，请来道士翻修并管理庙宇。其三，村中共捐集土地近20亩，作为庙产。其中每年部分收成归为大社，作春秋祭祀的开销，其余赡养道士。此次修缮扩建汤帝庙，又是社首王重新出资出力最多，“此一千八百两之金，君独出七百两有奇，又辍其家务，昧爽而兴，从事于此”（《郭峪村镇重建大庙记》）。事毕之后，村社还制定管理和维护的措施，汤帝庙的作用这时才真正显现出来。20世纪80年代，汤帝庙正殿后的十间殿宇被破坏，只剩下现存的上、下院式四合院了。

由于庙址较高，从樊溪河滩进入村东门，一路上坡，从申明亭左转，距汤帝庙约50米时，走出巷子，路面由宽而窄，由缓而陡，气势高大的庙宇雄踞前方高处，尽管用力抬头，也难见庙宇全貌，只看到苍穹下雕甍画桷，如鸟如翚，宏大的建筑更显庄重肃穆。

汤帝庙的门屋在南面，是清顺治九年（1652年）扩大范围后建造的。这里原来是山坡尽处，地势低，所以门屋下垒起大约2.3米高的大台子，左右有台阶上下。当心间及左、右次间开三座大门，其中当心间大门最宽，为2米，上挂木匾，书有“汤帝庙”三个大字，上款为“大清顺治九年五月十三日创修”，落款为“施主龙庄里王重新……等同立”。左、右次间大门宽1.2米，西侧门上额书“广福门”，东侧门上额书“宗善门”。稍间做成影壁墙。厦廊前檐柱上有斗栱。像这种门屋的做法，在当地庙宇中十分普遍，如窑沟的真武庙、上庄的关帝庙均是如此。披厦五间现在已毁，且当心间大门已经不能进去，而走左、右次间的门。

平时，汤帝庙内只有道士居住，村社为了有一处办理村内事务的地方，就将公事房设在庙内，没有大型祭祀活动时，大庙只开西侧小门，到了春秋大祭时，要祀神、游神、演戏，才将中间前门打开。大门左右的钟鼓楼楼顶为歇山式。汤帝庙正面空间关系，有层次虚实，有高低起伏，构图十分丰富。

进了汤帝庙的大门，正中门厅之上的戏楼宽5米，进深5.6米，歇山屋顶，斗栱层层出挑，翼角高翘，色彩绚丽。左、右次间楼屋是戏楼的后台及化装室、道具间，不演戏时存放社事用品。左右各建一座小厦房，低于戏楼，也是歇山顶，有斗栱和高翘的翼角，是戏楼的乐台，宽2.3米，进深2.2米。再外便是钟鼓楼。

下院的东、西楼均为两层，五开间，有前廊。楼的下层为道士宿舍和客房，演大戏时，楼上为女眷的看楼。

从下院到上院，清顺治前只有东、西厢前的台阶可上下。顺治九年（1652年），修缮重建庙宇时，才在正中修起台阶。台阶上端左右有香炉，由石雕的狮子托举着。狮子眼球用铜铸，如同活的一样。

汤帝庙正殿九开间，虽为单层，却高达9米之多，进深达6米，既宏大又神圣，所以村人把汤帝庙叫“大庙”。九开间的大殿，规格已经“逾制”，但毕竟是奉祀汤帝，似乎得到了默许。但大概为了避免麻烦，还是将九开间的大殿隔成三座三开间的小殿，正中三间供奉着汤王的神位，西侧三间供关公，东侧三间供土地夫妇。正殿左右又各有三间耳房，东耳房内供着主管子孙繁衍的送子观音及高谋神，西耳房内供着关平、周仓。上院东西为三间配房，有前廊。

庙中最主要的活动为春、秋二祭，即春种时来祷告许愿，秋收时还愿。一年二祭是最高的规格，与孔子、关帝相同。祭祀由村社统一组织，附近村落也有来参加的。春祭的主要目的是全村人祈神降雨。大社规定凡年满16岁以上的男子均要到大庙参加祭祀活动。

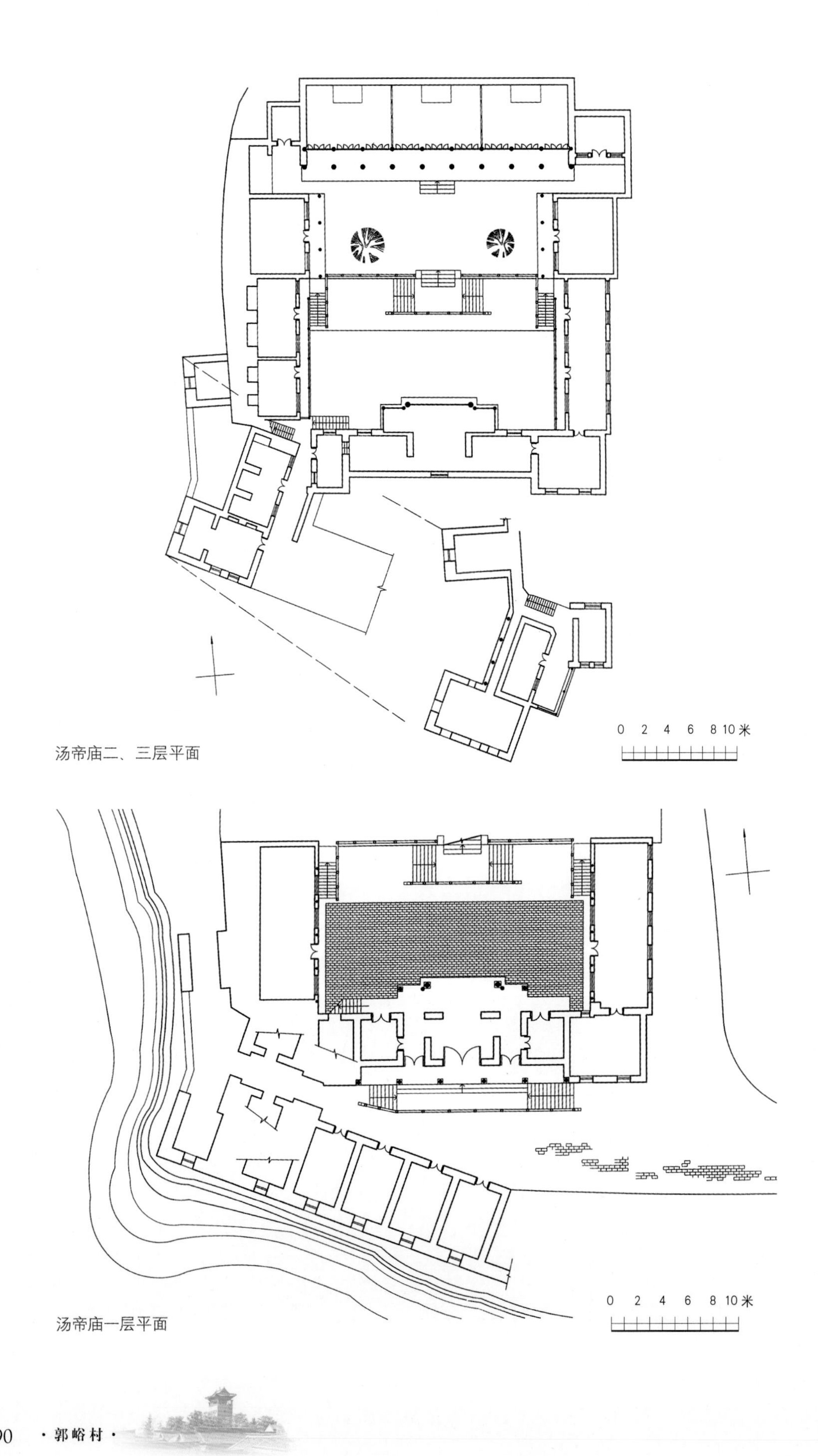

汤帝庙二、三层平面

汤帝庙一层平面

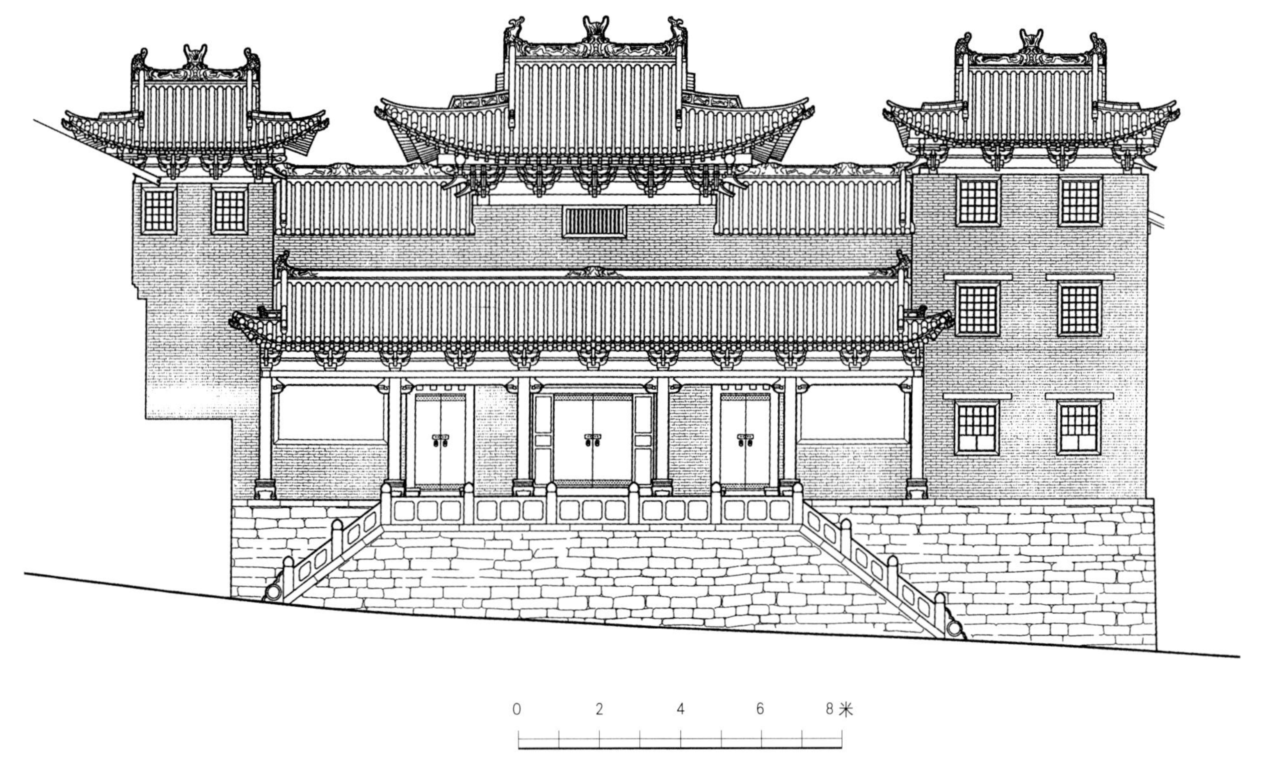

汤帝庙南立面

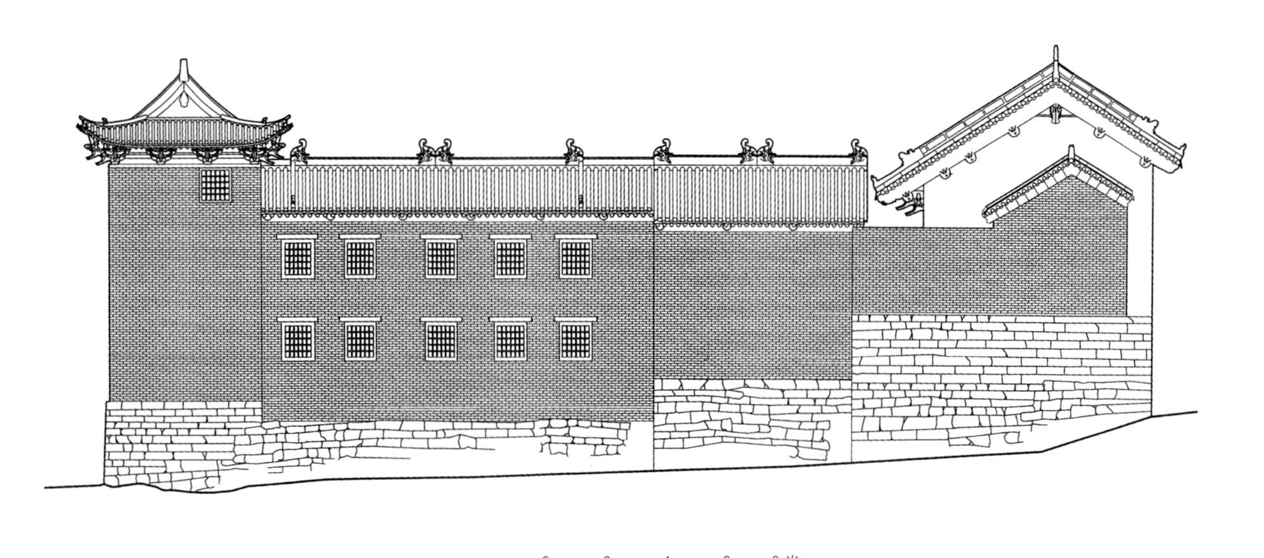

汤帝庙东立面

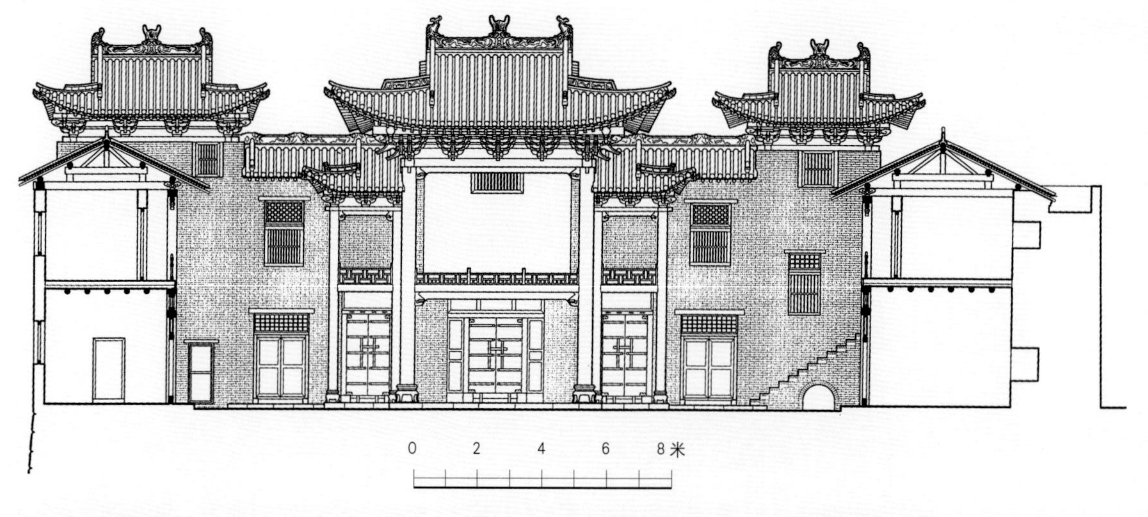

汤帝庙横剖面（一）

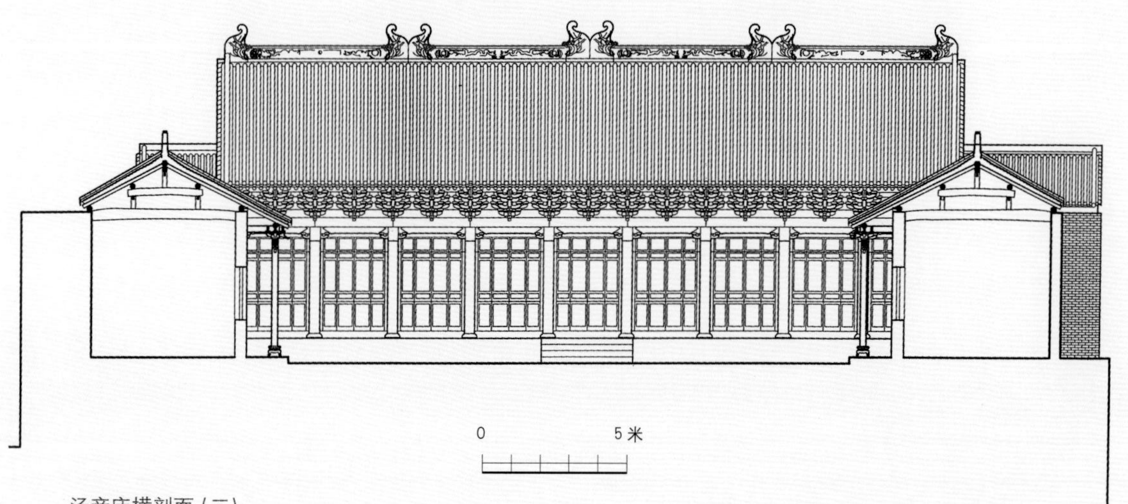

汤帝庙横剖面（二）

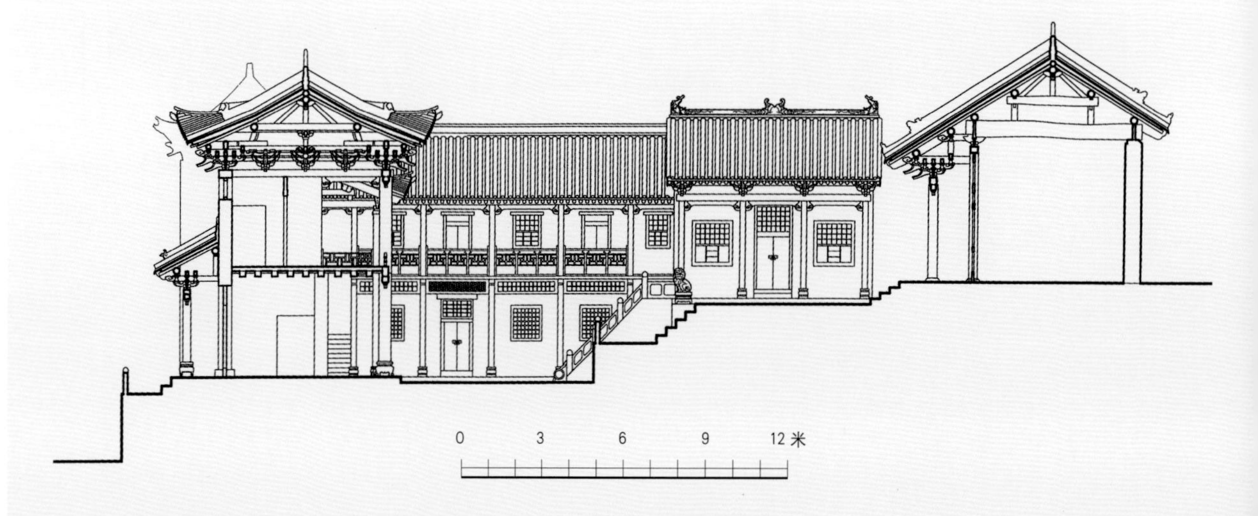

汤帝庙纵剖面

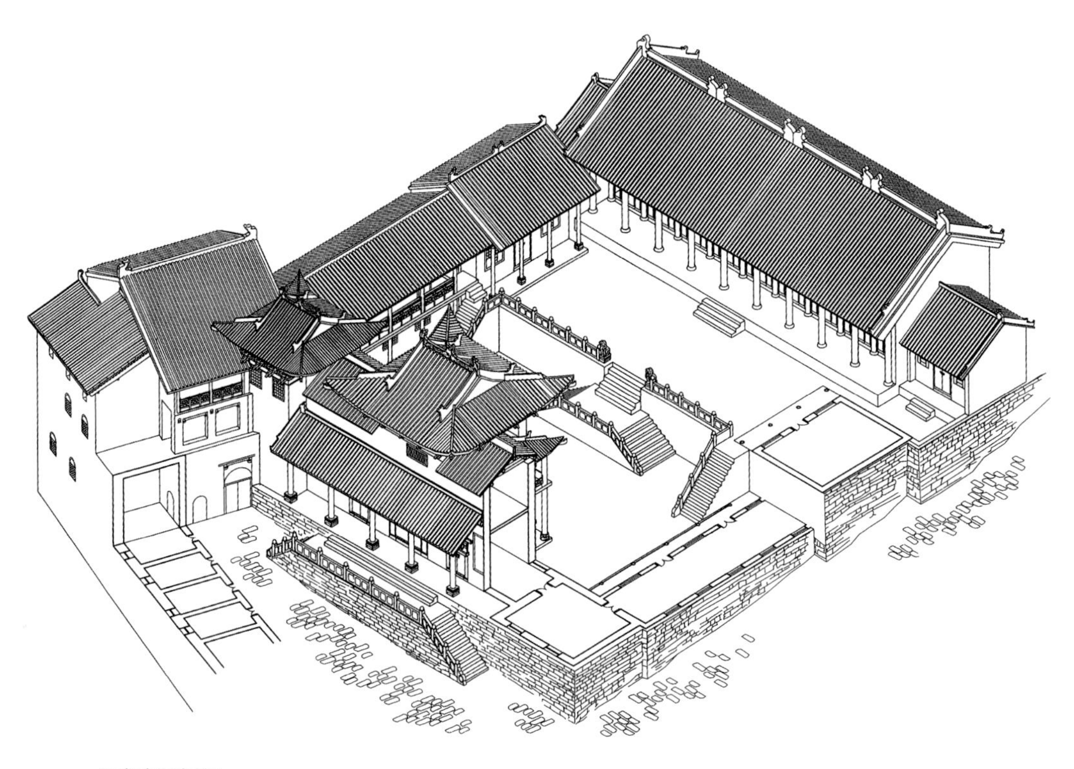

汤帝庙透视图

祭祀时，要杀猪敬神，鸣炮，焚香祷告，十分隆重。礼毕之后，会组织壮年男子背上水罐，步行到阳城北乡的白龙庙中取神水，带回来供奉在汤帝庙内。秋收之后，为感激汤帝的恩赐，举行全村盛大的秋祭。秋祭也要杀猪，献五谷，还要专门请戏班子来演戏。通常大戏演三天，演戏时男女村民均可来看，为避免“有伤风化”，大社规定16岁以上的成年男子一律在下院内看戏，女人和孩子可在上院及左、右看楼上看戏。为了让正殿中的汤帝能平视戏楼，舒舒坦坦地看戏，戏楼台面高达4.5米。可下院的人看不好，于是民国初年，经大社议决，由木工张敬言带领工匠，将台面降低了60厘米。这样，戏台下大门道就不能进人了，人们改从两侧的门出入。

汤帝庙中由于供奉着关公、土地神和管生育的高谋神等，平日庙中也有来祭拜或还愿的，香火不断。

汤帝庙侧面　林安权摄

二、文庙

文庙主祭孔子，又称“孔庙”。它位于郭峪村内西城根，即汤帝庙的东北角处。唐宋时期此处曾设有里馆，专门为途经阳城、经北留镇到晋城，再直趋中原的官家留宿之所。清康熙二十五年（1686年）的郭峪《里馆故墟建孔子庙碑》载：“……五十里有市，市有候馆，候馆有积，以待朝聘之官。”“……明初选老人以掌乡之政令教化。万历初年，张居正专权恣志，毁□□□□□□□□□□令烦难，即使今令长抵里亲政，坐席无地，治理无方，虽欲逸众恤民而何□□□□□□□□□□□谓诸地者是也。”待到“崇祯时始赎归里，焕宇王君议诸绅士而居馆墟建庙焉”。社首王重新等乡绅筹赀，清初在里馆基址上始建文庙，主祭孔子于大成殿，又称“孔子庙”“大成庙”。初建庙宇规模较小，后经历代增建，到清乾隆十二年（1747年）重修时，庙址扩大，等级提高，成为樊溪河谷中规模最大、等级最高的文庙。

光绪三年（1877年）前后，晋南地区连续三年大旱，村中人死过半，饿殍遍野，人之相食，村人无力管护文庙，致使院落蒿草没人，房顶破裂塌陷，萧条衰败殆尽。光绪末年，在众乡民的呼吁中郭峪村社首开始筹赀对文庙进行修葺。《补修大成庙碑记》记载：“从来□□论创因，费无论巨细，必落成而后为工。如我郭峪村大成庙，自创建来，近三百年矣。其中碎修绝少，以致榱崩瓦裂，砌败墙颓。且光绪大祲，后一任荒芜，更为减色。社中同人，虽触目关心，奈所费不赀。特□□山倏陈君星桥者，服贾河南，独力募化六十金，以为嚆矢之渐。诸同人借此怂恿，各解囊金，又为之积工，□□□□起四年人亦裁令桷备焉耳，兹或亦可以为工乎？虽工非创，而费不巨，此中难易□□□下□□□者矣。□□□□姓氏，出入花费于后。……”民国三十二年（1943年）大旱，次年村内死百余口。但文庙在村社的关注下保存了下来，可惜的是，它却在20世纪80年代初，被人为地拆毁。

按常例，文庙只有县以上的建置方可设建，一个村子是不能建文庙、塑祭孔子像的。但郭峪村里从唐到清出了一百多位乡贤，其中清初出了文渊阁大学士陈廷敬，所以，破例在郭峪村建了文庙，塑孔子像，并由大社组织举行春、秋二祭。文庙也有庙产十来亩，均为乡人捐赠。

清代所建文庙坐北朝南，是一座约有四千平方米的大四合院。由于地势北高南低，而且坡度很大，进大门前要上十几级台阶。大门为五开间，设有前廊。正殿为大成殿，单层，面阔五开间，殿内正中供奉孔子的高大坐像，两侧按昭穆分列颜回、曾子等七十二尊孔门贤人的牌位。大殿有斗栱，采用木槅扇门窗，施以绚丽的彩画。殿前有一方宽大的月台，为杏坛，将整个大殿烘托得肃穆威严。大殿两侧有耳房各两间，供庙中管理人居住及储存祭品。

东、西配殿各八间，为乡贤祠。配殿供郭峪村里各村的乡贤牌位一百多块，这是阳城东乡一带有名的乡贤祠。[1]祠内另有名贤碑七块，其中两块碑上刻着唐代至清代一千多年来郭峪村里考取功名的人的姓名，有八十八位之多，所以乡谚说："金谷十里长，才子出郭峪村。"由于这里宽敞安静，后来成为学子求学读书的地方。到民国年间，在范月亭、卫耀华等人的倡导下，庙里还办起了"女子学馆"，开阳城东乡一带女子求学的风气。

文庙大门前厦廊内为郭峪村里科考张榜之处，因此十分严肃，平日小孩及闲杂人不得到这里玩耍、喧哗。

---

① 村民说，北留镇的乡贤也供在此处。

文庙每年春、秋二祭，生员以上文化人才有资格参加。凡参加祭祀的人员必须洗脸剃头，衣冠整齐，形象端庄。参祭人要按品级年龄排列在门外，然后徐徐进入文庙，在宽大的月台上举行隆重的典礼。月台上早已呈上祭品，人们焚香跪拜，燃放鞭炮，祭完孔子，再祭拜各位乡贤。为了鼓励郭峪村社中弟子们认真读书，将来进仕登科，大社出资做嫩豆腐，在祭祀活动完成之后，社中孩子不论男女，均可领到一碗，为了补脑聪明。

郭峪村的文庙在20世纪40年代末土地改革时略遭破坏，但房屋还基本完好。到60年代初，由于一位人民公社武装部长建私房需几根大木料，便擅自将文庙大殿拆毁。到80年代初，又一位人民公社干部为家中建私房，便循例使权，将庙宇彻底拆毁，取走木料。庙内上百块石碑也全部被取走私用。至今村中百姓提起此事还恨恨不已。

三、白云观

白云观位于郭峪村东面的苍龙岭脊，因建在陡峭的悬崖上，俗称“石山庙”[1]。由于樊溪河从东北而来，在苍龙岭向西凸出的松山下弯转向南，因此从北留镇或润城镇迎河北上，行至距郭峪村还有一二公里处，就可看到掩映在青松翠柏中的白云观及松山上高耸的文峰塔。这组秀美的建筑群，地形陡峻，景观奇异，引人入胜，成为郭峪村“东山八景”之一。旧时人们说，“三晋两大奇，北有悬空寺，南有石山庙”，对白云观评价很高。

白云观建在山上，要上山，小黑龙庙是必经之地。庙在山脚，围着一个泉眼而造一圈院墙。泉眼的岩石上雕了一个龙头，水从龙口中流出，旱时不涸，涝时不溢，小院便称为“小

① 石山庙1968—1969年拆毁，取木材修村委会及小学校，初拆后戏台还在，今已尽毁。

黑龙庙”。以后院内借泉水又修起一座八角形鱼池，故又名为“鱼池院”。

鱼池院不大，前门在南，后门在北。从北门出来，就是上山的石阶。石阶窄而陡，上到山顶约有100多步，曲曲弯弯十分难走。半山腰有一座小庙，称为“黑虎庙”，里面供着黑虎爷的神像。凡上山的香客到此处均要停下来焚香祈祷，求黑虎爷保

传为文庙前的石像，也有说是墓前的石像生 李秋香摄

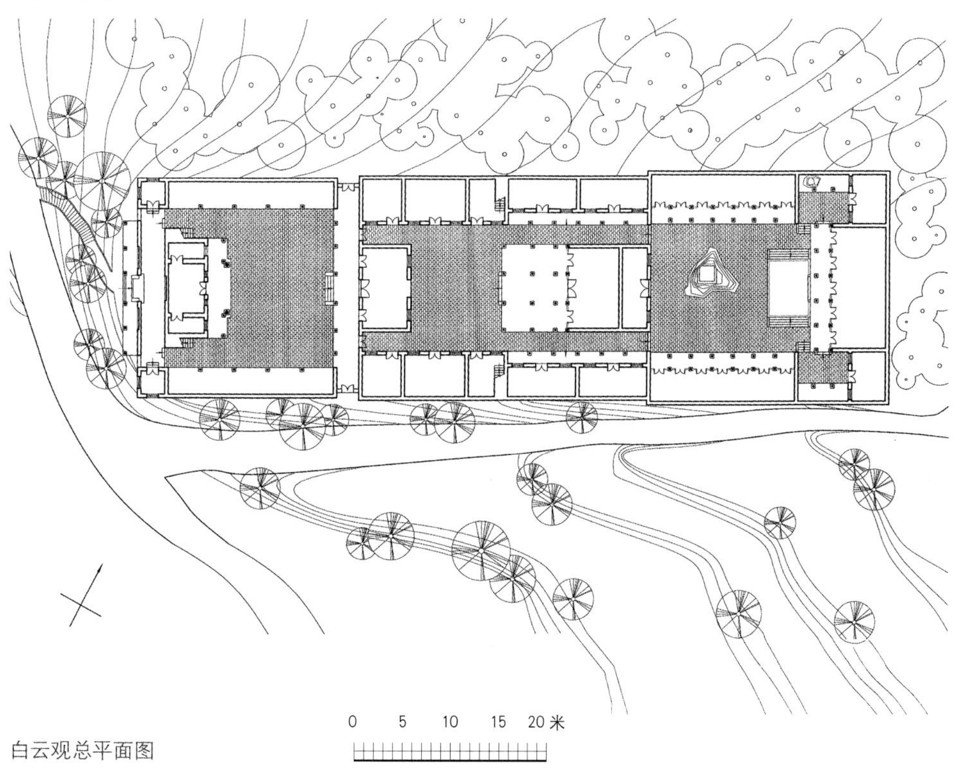

白云观总平面图

佑。黑虎神祭祀在阳城及古泽州一带十分盛行。据康熙《沁水县志》[①]载：泽州一带四处皆山，“村烟辽阔，林木荆榛，蔓生丛植”，为此“雄虎蟠踞而为窟穴，亦固其所，土人且尊为神，见之不敢捕治，顾乃出入无忌，弱肉而强食也”。各县均建黑虎庙，以祈平安。从黑虎庙再向上

（左图）白云观内的石山，称“山上山”。在它的顶上曾建有一座全琉璃的玉皇阁，大小仅一平方米，阁里供奉着玉皇大帝，是一处吉祥宝地　李秋香摄
（下图）郭峪村东侧樊山上的白云观山门
林安权摄

① 沁水原属泽州，阳城原也属泽州。

攀登，很快就到了白云观门口。

白云观初建于明代，清乾隆年间重修，坐北朝南，北高南低，共有上、中、下三院。第一重山门门屋为倒座殿三间，像汤帝庙一样，门前是宽大的石砌高台。有三个大门，从中间大门进入，即为戏台明间的底层，并不直通院内，而是在戏台下分开向左、向右转弯，从次间出来进入第一进院，即下院。从左右两门进院，配房内供奉着黑虎和灵官，代替惯常把门的哼哈二将。两边厢房各为7间，为庙中的碑廊。据传说，当年碑廊中有各种碑约50块，分别记载了郭峪村里的情况和建庙的缘由等。可惜这些碑在“文化大革命”期间全被毁坏，一部分用来烧成石灰，一部分则成为建房的石料，至今在街巷或住宅院落中，仍能看到用石碑铺砌的台阶或地面，字迹已经磨平。第一进院与第二进院之间约有1.5米的高差，沿台阶而上，穿过二山门到第二进院，即中院。二山门东侧为钟楼，西侧为鼓楼。钟鼓楼均为方形平面，上下两层，攒尖顶。据说，钟楼里的钟专门为定更使用，个头很大，在建楼之前先吊好钟，再建楼。中院的大殿为三开间，用槅扇分隔为前、后部，前部是供天、地、水的三官殿，有神像。东、西配殿供道士居住使用。第三进院即上院，正殿三开间带前廊，为“三教堂”，即释、道、儒三教的全祀庙。在晋东南地区三教堂很普遍。堂里供奉着释迦牟尼、太上老君及孔圣人三尊塑像。殿内墙壁上绘有彩画。上院的东配殿为阎王殿，西配殿为七圣殿，内供七条神龙，又称“七龙殿”。在院落的正中，是一块拔地而起的原生岩石，高约4米，直径约3米，称为“山上山”，在它上面建了一座全琉璃小庙，方约1平方米，小巧玲珑，璀璨夺目。小庙内供玉皇大帝，称为“玉皇阁”。由于庙院内有岩石，岩石上建小庙，乡民说这是“庙中山，山上庙”。在“山上山”岩石顶上的玉皇阁西侧，有一个仅0.3米见方的小水坑，池内积满水，人们奉其为神水。据说此水老者饮之能健康长寿，童稚饮之可睿智聪颖，乡人称为“神露”。在上院西配殿北侧，另有一块天然岩石，呈长方形，高约1.2米，人们说这是龙脚石。每逢庙会，香客及游人争相拜龙脚石，饮神露，求得神灵的保佑。

樊溪河谷中的寺庙以白云观占地面积最大，风景最佳。年时节下，附近村民均要上山进香。最热闹的是农历六月初六至初八白云观的三天庙会，到时将唱大戏，方圆百里的人都来赶会。当地旧时有一个习俗，孩子长到13岁时，要到白云观中进香许愿，梳辫子，佩金锁，称为“圆辫”，表示孩子长大成人了。第二年同一时辰，要到庙中进香还愿。现在不梳辫子了，金锁还是要佩的，因此白云观里的香火一直很旺。

四、文峰塔

白云观以西偏北，松山之巅，有一座塔院，院内有一座9层高的砖塔。《郭峪村志》载此塔“建于唐贞观年间”，据说当初有此年号的石匾。塔呈六角形，为筒体结构，中空，搭木楼板，有梯可上至塔的第五层。此塔初建时为一座补文运的文峰塔。后来人们发现，塔身呈暗红色时要下雨，若变灰红色则放晴，于是村人们将塔称为“晴雨塔”。

塔院不大，是清代增建的，只有一间仓颉神殿，供奉传说造汉字的仓颉，与文峰塔相配。塔院门上有块青石匾额，上刻隶书“大芳诸”三字，是康熙五十四年（1715年）夏，后人仿文渊阁大学士陈廷敬题写的。此石匾现保存在郭峪村土沟的苏永年家中。

在塔院内的东墙上，原镶有

一块长约165厘米、宽约66厘米的大青石，游人只要用手在大青石上拍几下，再将耳朵靠近，就可以听到凤凰长鸣之声，人称这块奇石为“鸣凤壁”。由于东山对峙着翱凤岭，古代这里曾有凤凰飞过，留下鸣声，于是这里成为郭峪村的又一景。谚曰：“东山鸣凤壁，西岭凤凰巢。金谷非俗地，代代佐君劳。”“文化大革命”中“破旧立新”，塔及庙均拆毁，用此塔的砖建了一座新的小学，如果真有神灵的话，但愿这座学校的学生个个成才。

文峰塔的北侧山上还有一座三开间的小庙，为吕祖庙。在白云观建成前，郭峪村里一带的人每年均到吕祖庙前来赶庙会。传说，一次庙会日，吕祖爷化装成乞丐，浑身肮脏，臭气熏天，在庙会的人群中摇来晃去，乞求施舍。一个人担了两捆门帘来卖，一时卖不出去。他见乞丐一副病样，就将一捆门帘拆开铺在地上，让他休息。乞丐也不客气，往门帘上一躺就睡去了。直到下午，卖帘人才把另一捆门帘卖掉，他正想将地上的一捆也便宜卖掉，扭头一看，乞丐已离去，他躺过的门帘全部印上了神像。人们见后纷纷争买，卖门帘的发了笔小财。他心想一定是神仙相助，便买了几把香，上吕祖庙磕头，不想一进庙，立即惊呆了——原来门帘上所印的图像与吕祖爷塑像一模一样，这才恍然明白是吕祖爷显圣。这件事传出之后，庙会更加红火。后来因吕祖庙前地段狭窄，才将庙会移到了白云观中。

五、文昌阁

白云观以东，约300米，山岭上有一座文昌阁，初建于明武宗正德十一年（1516年），坐东北朝西南，院门之外有高台，上台进院，正面是一座上下两层的砖石建筑，这就是文昌阁。每逢子弟们开学日或科考中试，人们都要到这里祭拜文昌帝君。由于它的结构采用拱券，不需一根木料，

建于樊山上的文峰塔，祈求文运的昌盛，营造秀美的环境，又是郭峪村的重要地标　林安权摄

故称为“无梁庙”或“无梁殿”。

无梁殿很少见，因此引出了村民们的一则故事，虽是杜撰，流传很广。故事说清康熙年间，郭峪村一带闹大旱，老百姓疾苦不堪，还要交皇粮。陈廷敬心生一计，趁康熙皇帝来到郭峪村的机会，带着皇帝游历东山八景，特意走到文昌阁前，让皇帝看看这奇妙的建筑。果然，康熙看了文昌阁后连声称道。陈廷敬问：陛下称道什么?康熙答曰：“无梁。”陈廷敬忙下跪说：“谢主隆恩。本地土地瘠薄，又多干旱，不产粮食，百姓度日艰辛，望万岁开恩。”康熙听后才明白

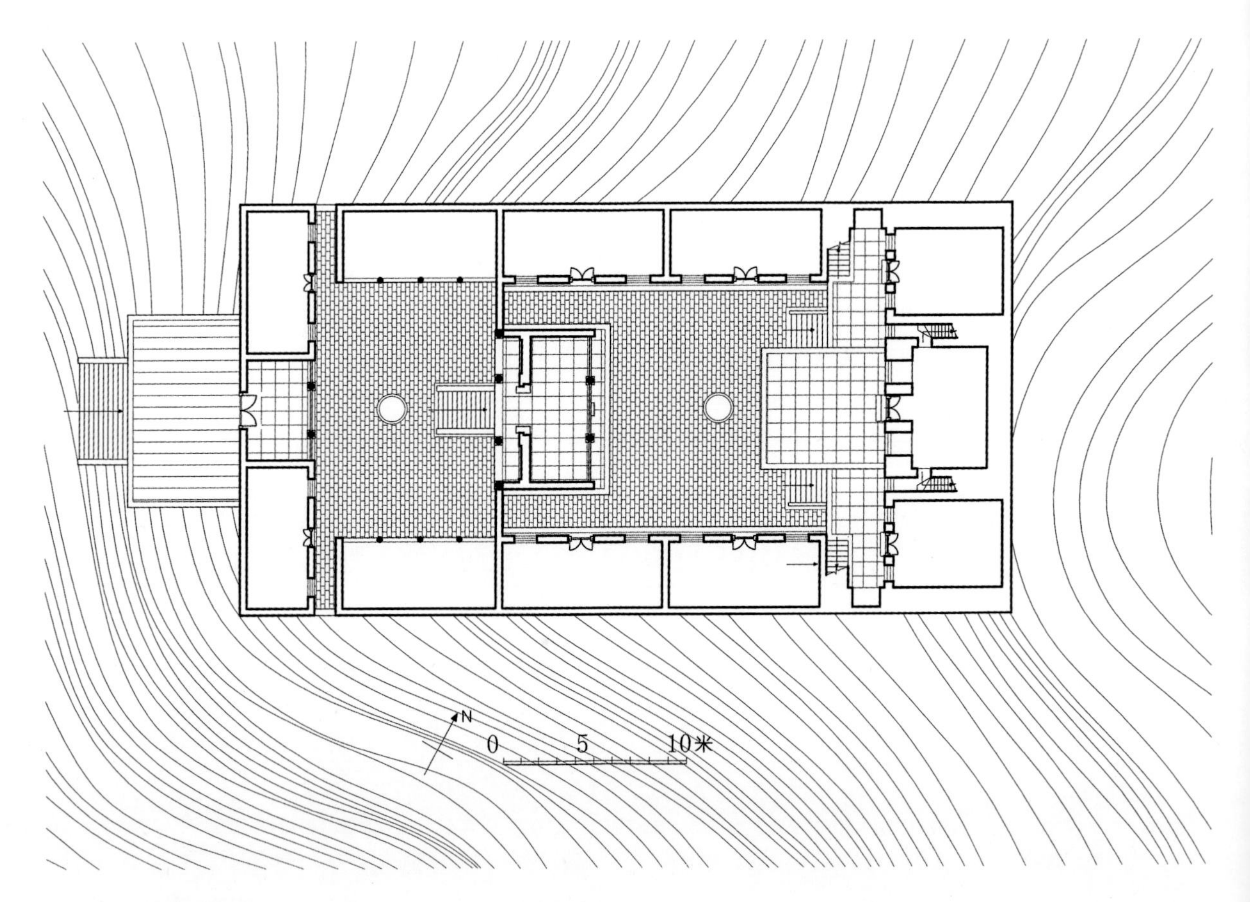

文昌阁总平面

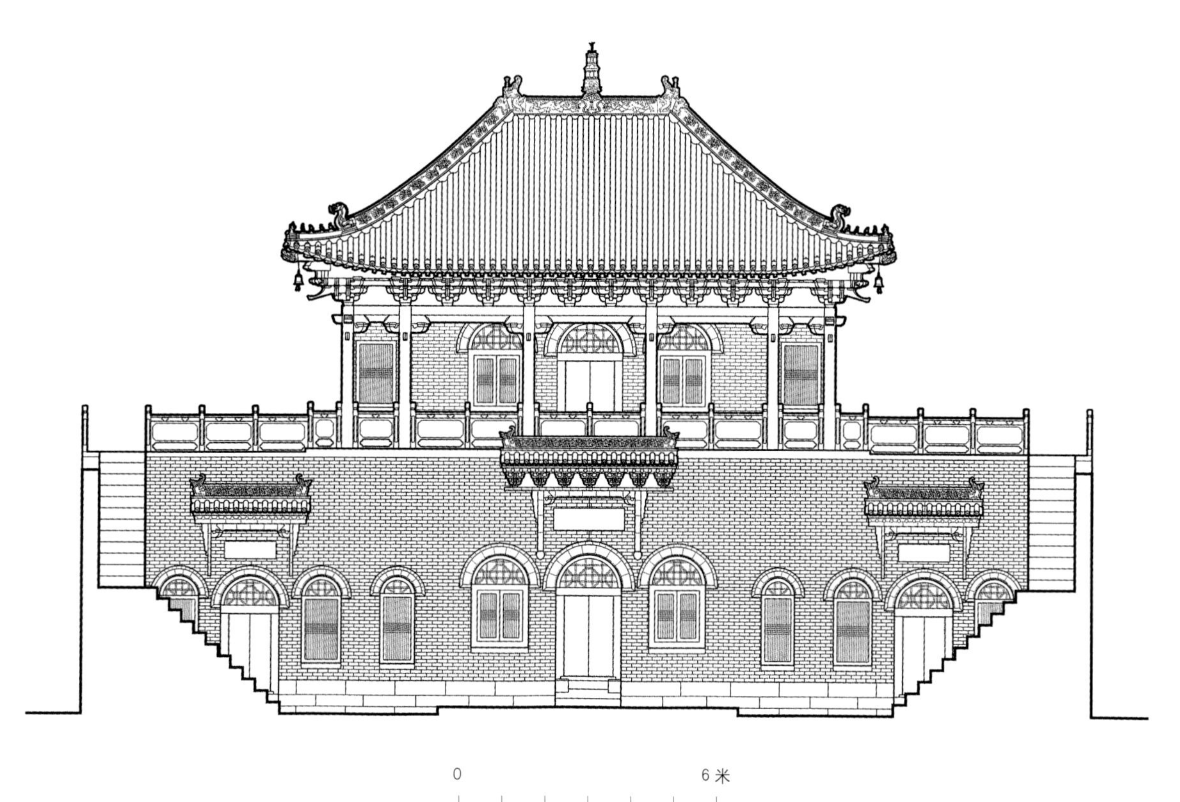

文昌阁大殿正立面

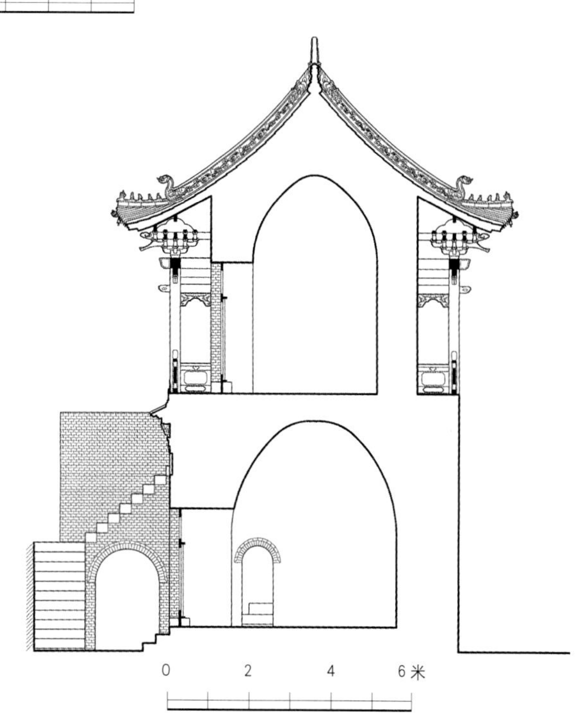

文昌阁大殿剖面

为什么要带他来这无梁殿，原来是要他说出“无梁”来谐音“无粮”，于是下令免去本地皇粮。

文昌阁建在山上风景区，是郭峪村一带文人重要的活动之所。阁中置有大石桌，以石鼓为座，观景品茗，吟诗作赋，十分风雅。

村东城墙上也有六角形的小亭，称“魁星阁”，里面供有魁星，即文昌神，但不进香火。

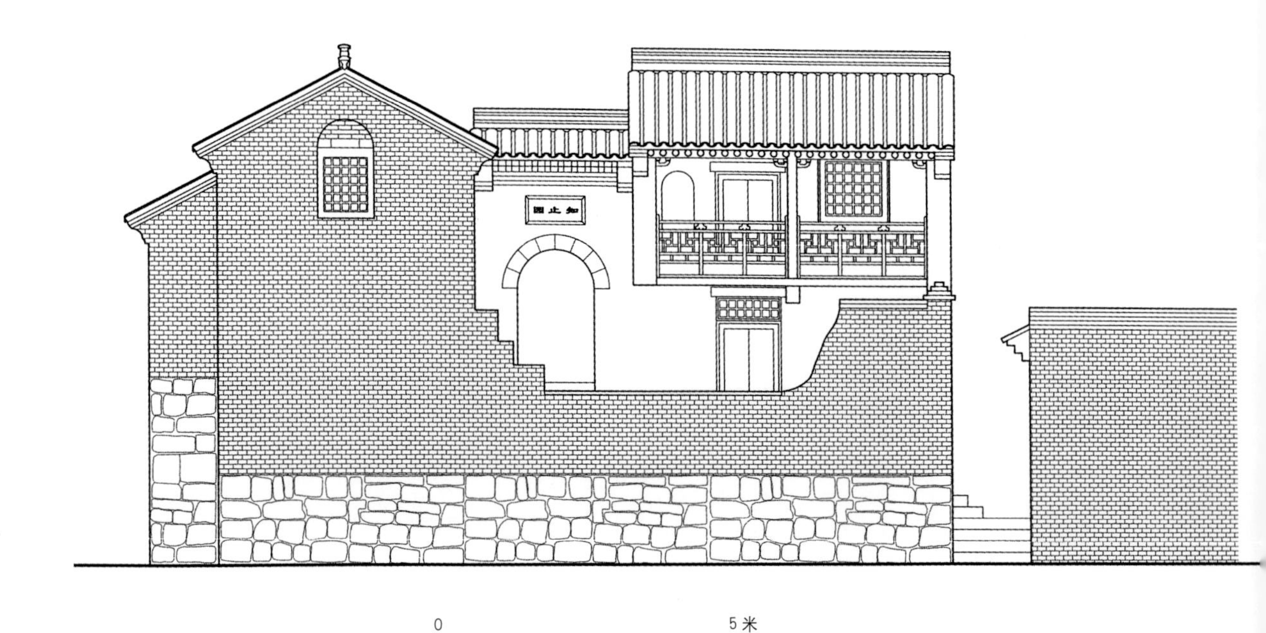

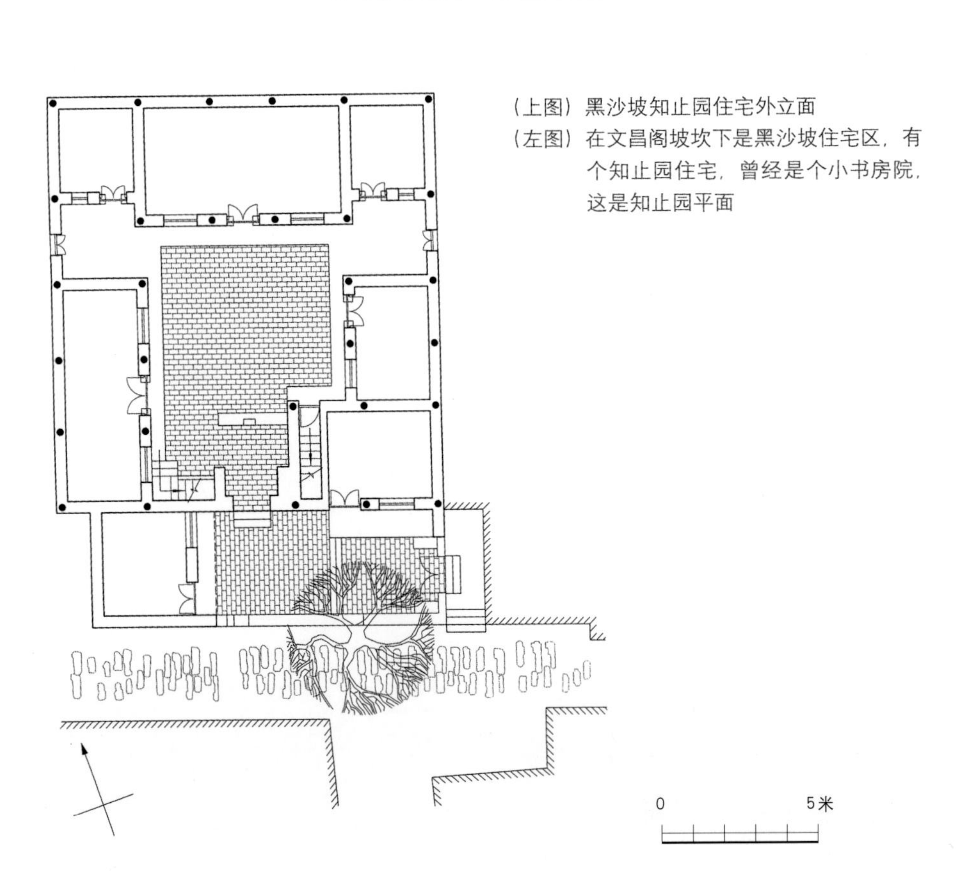

（上图）黑沙坡知止园住宅外立面

（左图）在文昌阁坡坎下是黑沙坡住宅区，有个知止园住宅，曾经是个小书房院，这是知止园平面

建在城墙上的阁为魁星阁，既用来瞭望，又供奉神明。李秋香摄

六、西山庙

郭峪村北庄岭山坡上有庙，顺治十三年《西山庙碑记》[①]载：这座庙所在之处“从古相传皆名为山神坡。然庙中神像甚多，何独以山神名也?或者当日诸神未修而独以山神居其始，故以此名乎?粤稽！原始无迹可考。观其梁记，盖重修于大明嘉靖二十五年也。讫今百有年，风雨飘摇，神几不堪栖止矣”。此时王重新为郭峪村的社首，见神庙破败，诸神难安，都为之深深地愧疚悲伤。清顺治十三年（1656年），王重新与众商议，筹措资金，率众重修此庙，并扩其基址，塑像也多于以前，让村人享有更多神的庇佑。由于“山神庙”已不足以概括庙之内容，遂改为“西山庙”。

西山庙前后两进，坐北朝南，是郭峪村附近最华丽的一座庙。据见过此庙的老年人叙述，西山庙上下皆用五彩琉璃，金碧辉煌。《西山庙碑记》载：“正殿三间，塑三佛像；东角殿三间，塑药王、虫王、五谷神像；两角殿三间，塑关圣大王、蛾神像。面前修拜殿三间，以供祭献。又西角殿三间，塑山神土地像。东正殿三间，塑广禅侯像，西正殿三间，塑高谋神像。东楼六间，上塑五瘟神，下塑蚕神。西楼六间，上祀龙神，下为客舍。南楼上下十八间，上正中为戏楼，两旁为钟鼓楼，下正中为山门，两旁为僧舍。外修门楼一座，厕坑二所。”庙里所供神有十几位，凡村民生活和生产的各项事务，都有神专司其职。这个无所不包的神谱，充分显示了中国人功利主义的泛神崇拜的特色。

庙里有春、秋二祭，秋祭时请戏班子来唱戏酬神，届时郭峪村一带的村民纷纷赶来看戏。清代兴盛期，庙里主持、僧众多

① 见《郭峪村志》，赵振华、赵铁纪主编，1992年5月出版。

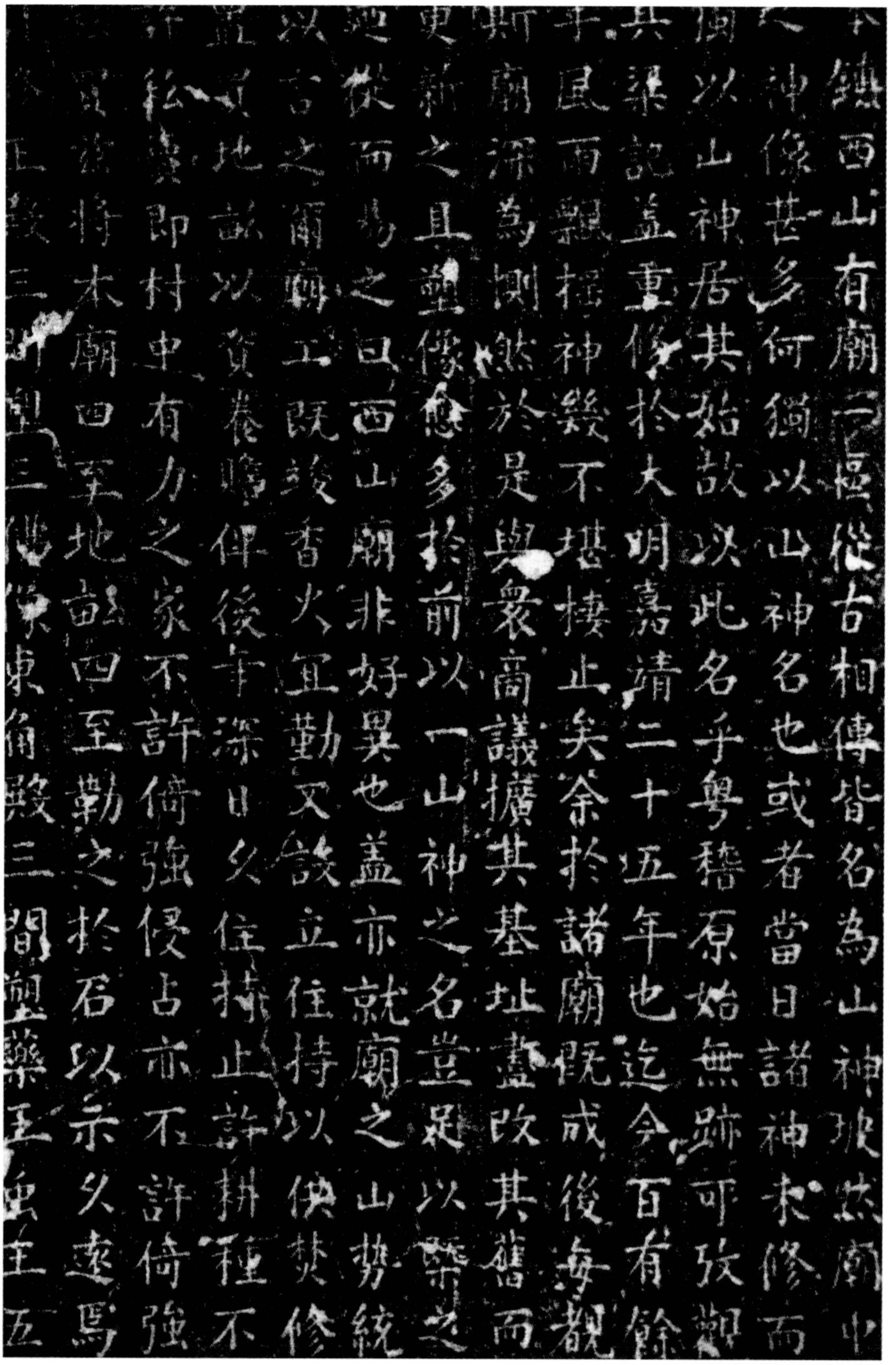

《西山庙碑记》残片局部　李秋香拓

人，有庙产养赡。西山庙是众神之庙，踏进这座庙门，各路神都拜了，因此香火很旺。

七、土地庙

民以食为天，土地能载万物，生五谷，育人民，故民间立社庙祭祀，报其功德。社有大有小，大的以国为社，中的以府、州为社，小的则以乡、村为社。社大小不同，所祭的土地神也有大有小。乡村中所祭祀的土地就只管本乡本村。

传说，明太祖朱元璋“生于盱眙县灵迹乡土地庙”[1]中，故朱元璋得天下之后，明代各地遍建土地庙，香火极旺。有些地方连家户过年时，也在院内设案焚香，供奉主管本户家宅院落的土地神。

郭峪村的土地庙就是在明代兴建起来的。由于郭峪村人口多，所辖范围很大，怕一个土地神管不过来，便把村子分成四个区域。郭峪村城内为一方，黄城村为一方，土沟为一方，侍郎寨及黑沙坡一带为一方。所谓“一方土地一方神”。郭峪村城内的土地庙因风水关系，建在距农田很近的村西部。黄城土地庙建于南侧，紧靠白云观。土沟的建于山神坡旁。风水术士相信，土沟的北部是马尾沟口，有一股煞气，隐隐于土沟不利，幸有西山庙众神老爷庇护，又加上土地爷的参与，才将土沟一带保佑起来。侍郎寨一带则将土地庙修在白云观的东门外。这四处土地庙仅为一开间低矮的小庙，虽不高不大，又无华丽的装饰，但由于土地神“升天达地，出幽入冥”，是保护一方风调雨顺、五谷丰登、人口平安、六畜兴旺的善神，人们对他有亲切感，十分信任他，凡遇到大旱灾荒、瘟病流行，首先要祭拜的就是土地爷。土地是一个最基层的，却最

① 见《冥界诸神》，易夫编著，大众文艺出版社1999年1月出版。

有人情味的、受人爱戴的神。所以土地神像总是公婆俩夫妻笑眯眯地坐在一起。

旧时，郭峪村一带在立春后第五个戊日为春社，立秋后第五个戊日为秋社。届时各地段的村民均到主管自己一方的土地庙中进供、祭祀。

八、“无妄费”

在郭峪村庙宇的建设中，郭峪村的乡绅们曾起了重要的作用，其中又以王重新最为突出。《碧山主人王重新自叙碑》[①]中载：“一日见石山庙敝，欲修之，为□□所持不果，乃修于家山宝泉寺。其明年，□□□□□□□□□□□外邻屡为侵侮，母氏在堂，相依为命。及弱冠，弃书就贾，贸易天津、长芦间，赖天之庇，克有先业。常念父之□□□□□□□□□后殿，费银肆拾两。时宝泉寺复坏，重修之，费银贰千壹百两。继□□海会寺山门，费银陆百两。修本里大庙……修后沟三教堂，费银壹百壹拾柒两伍钱柒分伍厘。修后沟菩萨庵，费银叁百陆拾两。修西沟白衣庵，费银□□□□□□□□□□□修后东西殿、钟楼、戏楼、东西廊石磴、池亭，费银壹千捌百两。修孔子庙，费银肆百柒拾玖两叁钱陆分。修门……”除此之外，在村中还散落一些残碑，也记载了乡绅们为郭峪村的建设募银捐资的情况。侍郎寨高处一户人家（门额“安乐居”）用“文化大革命”时被当作“四旧”丢弃的碑石砌筑台明，院门门坎内侧铺着一块碑，碑上刻着张尔素撰写的清康熙四年《重修东庵三教堂、观音堂、泰山祠记》[②]。

① 《碧山主人王重新自叙碑》，大清顺治十八年（1661年）八月立，现在郭峪村村委会院内，已断成两段，一段砌作台明，一段闲放在地下。

② 此碑由于砌于门坎内，碑中段磨损严重，仅能看出部分文字。侍郎府东侧“圪坨院”中也有一块石碑铺在地面，字迹已无法辨认，大致是关于府后关帝庙的。

文中载："碧山王老姻翁于顺治丙戌董其事而重修之。"[①]又："工始于丁酉以戊戌告竣，凡用银陆百贰拾两有奇，威昭、叔昭所施者伍百陆拾两有奇。"可见乡绅们在乡村建设中的贡献是很大的。

但是，商业和工矿业积累的财富作为"无妄费"大量投入农村的庙宇建设，则对商业和工矿业是很大的损失，严重阻滞了商业和工矿业的发展。乡土建设往往以社会整体的进步为代价，这个代价太高昂了。

① "碧山王老姻翁"即王重新。

附　录

【 附录 1 】

关于陈廷敬家世情况

【 附录 2 】

《碧山主人王重新自叙》

【 附录 3 】

《封窑碑记》

【 附录 4 】

《重修石闸碑记》

【 附录 5 】

《重修汤帝庙舞楼记》

【 附录 6 】

《邑侯大梁都老爷利民惠政碑》

【 附录 7 】

《城窑公约》

【附录1】

关于陈廷敬家世情况

据陈昌言[①]《陈氏上世祖茔碑记》（大清顺治十一年甲午三月二十五日立）中载："余先世乃濩泽永义都[②]天户里籍也。其聚族而居者，则地名岭后之半坡沟南也。余七世祖[③]后徙居阳城县郭峪村中道庄，乃明宣德四年也。庄之东北距家七里许，有祖茔一区，名虞家山，阅余高伯祖孟壁公[④]所载先人遗嘱中，盖云永昌坪也。其地山水环绕，风土深厚，为余七世祖讳林[⑤]者而立也。林祖碑志具无，其上世不可考。窃念高伯祖滑县公[⑥]、六世祖西乡公[⑦]，素娴文墨，即余曾叔祖容山公[⑧]登进士第，何以冢

① 陈昌言(1598—1655年)：字禹前，号泉山，明崇祯庚午举人，清初官至江南提督学政。

② 濩泽：原为阳城古名，泽州因濩泽而得名，故濩泽也成为泽州的别称。明洪武至清雍正六年(1728年)，泽州所辖地即晋城县地，今为晋城市城区和泽州县所辖地。永义都：都，明代实行里甲制时行政区划单位，以邻近的110户为一里，数里为一都。永义都在今泽州县西辛壁、马村一带。

③ 七世祖：自陈昌言往上数第七代祖先，陈岩、陈林、陈虎。

④ 孟壁公：孟壁为陈珏的字，乃陈昌言高祖陈琪的长兄。

⑤ 陈林：陈靠之子，行二，原为泽州天户里三甲民，从母樊氏与兄陈岩迁于阳城中道庄，配郭氏，葬于虞家山之永昌坪。

⑥ 滑县公：陈珏，字孟壁，官河南滑县典史，因其子，天祐贵赠户部主事。

⑦ 西乡公：陈秀，字升之，官陕西西乡县典史。自陈昌言往上数第六代祖先。

⑧ 容山公：陈珏之子，名天祐，号容山。明嘉靖甲午(1534年)举人，甲辰(1544年)进士，官至陕西按察副使。

无片石？……后余督学江南，得后湖所藏黄册而阅之，则永乐十年所造也。详溯宗派，知林祖有兄曰岩，上之而考讳靠，祖讳仲名。仲名祖拨入河南彰德府临漳县籍。由余溯此，是为九世。”由此可知，陈姓先祖陈仲名，从河南彰德府临漳县迁到濩泽（今泽州）天户里的半坡沟南居住。陈仲名的儿子陈靠生有三子，长子陈岩、次子陈林、三子陈虎。陈林于明宣德四年（1429年）迁郭峪村里现黄城村位置，因坡前长有许多野梅树，为此称为梅庄。明崇祯七年（1634年），陈昌言中进士，正值李自成农民军不断滋扰郭峪村，于是在陈昌言的倡导下，崇祯八年（1635年）修起城墙，并决定改换庄名。于是在崇祯十一年（1638年）改梅庄为中道庄。到清康熙四十二年（1703年）又将中道庄改称黄城。清初时第七代陈经正[①]携家眷迁入现郭峪村，建房买地，繁衍生息，成为郭峪村大姓之一。陈氏家族累代科甲，清顺治十四年（1657年），仍居中道庄的陈氏第九代陈廷敬中举人后，便在中道庄立起一座石牌坊，牌坊为单开间，坊阳为：

陕西汉中府西乡县尉陈秀

直隶大名府滑县尉赠户部主事陈珏

中顺大夫陕西按察副使陈天祐

河南开封府荥泽县教谕陈三晋

赠儒林郎浙江道监察御史陈经济

儒林郎浙江道监察御史陈昌言

坊阴为：

嘉靖甲辰科进士陈天祐

万历恩选贡士陈三晋

崇祯甲戌科进士陈昌言

顺治辛卯科经魁陈元

① 第七代陈经正：从始祖陈靠数起，向下陈经正为第七代。

顺治甲午科恩选贡生陈昌期

顺治丁酉科举人陈敬[①]

牌坊立起的第二年，陈廷敬考中了进士，清顺治十八年（1661年）钦授翰林院内秘书院检讨。陈廷敬的不断升迁使郭峪村黄城陈氏名重一时。不久，居住在郭峪村的陈氏大宅前也建起了一座高大的木牌楼式的院门，刻上了陈氏累代的功名成就，内容与格式和黄城村的顺治年所立的石牌坊相同，所不同的是木牌楼门上部分人的科第及职别比石牌坊上的要高。如"顺治辛卯科经魁陈元"，在木牌楼上为"顺治己亥科进士钦授翰林院庶吉士陈元"，变化最大的为陈廷敬，牌楼上不再书举人，而是书"顺治戊戌科进士钦授翰林内秘书院检讨陈廷敬"。到康熙二十六年（1687年）以后，黄城村又建起一座三间的石牌坊，称"冢宰总宪牌坊"，将陈廷敬以上及以下各代的科第功名一一列上。

① 陈敬：即陈廷敬。陈廷敬在中进士之前叫陈敬。清顺治十五年（1658年）陈敬参加进士考试，在殿试时，因顺天府通州亦有一名陈敬，顺治皇帝为山西泽州陈敬赠一"廷"字，以便区别。

【附录2】

《碧山主人王重新自叙》

余世家郭谷里，旧籍本里，后籍龙泉里。明之季，兵荒马乱，民寡役繁，审编例得并里。龙泉与上庄□□□□□□□□□海，号宏川，尝贾于燕梁诸土。最好善，一日见石山庙敝，欲修之，为□□所持不果，乃修于家山宝泉寺。其明年，□□□□□□□□□□外邻屡为侵侮，母氏在堂，相依为命。及弱冠，弃书就贾，贸易天津、长芦间。赖天之庇，克有先业。常念父之□□□□□□□□□□后殿，费银肆拾两。时宝泉寺复坏，重修之，费银贰千壹百两。继□□海会寺山门，费银陆百两。修本里大庙，□□□□□□□□□□叁分。修后沟三教堂，费银壹百壹拾柒两伍钱柒分伍厘。修后沟菩萨庵，费银叁百陆拾两。修西沟白衣庵，费银□□□□□□□□□□修前后东西殿、钟鼓楼、戏楼、东西廊石磴、池亭，费银壹千捌百两。修孔子庙，费银肆百柒拾玖两叁钱陆分。修门□□□□□□□□□拾陆两壹钱捌分。又因沁河水涨难渡，欲架石桥于刘善、润城间，□视两岸相距率远，无可定址者。偶见刘善

□□□□□□□□□□□□□中费银叁千捌百两。先崇祯八年，流氛炽甚，创立垣堡，置造守御械器，并后增修，费银陆千馀两。又崇祯□□□□□□□□□□费银柒百两。又大同启祸，官兵蔓剿，从潞安求得免剿告示十馀通，分予邻堡，费银贰百两。又修清化路，泽州□□□□□□□□□□□。其他死不能棺者、病不能医者、婚嫁不能具礼、赋税不能如期者，苟有告，未尝敢不应也。若此者，皆求可以□□□□□□□□□尝读《易传》云："积善之家必有馀庆"，又云："善不积不足以成名"。使前人好之，后弗能继，可谓积乎？虽然，媚神以邀福，矫情以□□□□不敢出也。今余年六十有四矣，惟思日孜孜而已。凡余所修庙，其在本里者，至西山庙略竟。爰书此以明余志。

大清顺治十三年八月望日

立石

【附录3】

《封窑碑记》

特授陵川县正堂署阳城县事加五级记录十二次施，据郭谷镇生员范肇修、贡生陈观化等，乡地张佩等，禀请封禁煤窑一事。审讯得卫、张朋谋局结一案。缘卫、张同居一镇，于乾隆十九年争控，经前任杨勘讯明确，均有不合。本应详情封禁，姑念利出天地自然，不忍遽毁，因而劝谕各行、各窑等情在卷。嗣于乾隆二十九年正月间，生员范肇修、贡生陈观化等，因攻凿年久，有碍居民庐舍，具控前任胡，即差拘集讯，即据张玉田等调处封窑，事已寝息。讵卫姓窑头郭如昆、赵七复在旧窑左近另凿新窑，张姓又令王兴仍然开窑取炭，以至陈观化等上控宪案，奉批饬讯。胡县旋即荣升，今虽□得讯，又据生员张宜栩等吁请详销，当堂讯取各供，并取卫、张切实遵依，附卷将窑封禁，具详府宪批示销案。卫姓复又牵砌多人，辄为渎诉。宪辕批行亲诣勘明详报。履勘郭谷镇堡城西门外胡家堆，有卫姓未行井窑一座，离堡城十步；往西北有卫姓旧窑口一座，离堡城二十步。卫姓新窑口在旧窑西北，离堡城三十步。张姓紫微岭南窑一座，与卫姓新窑口南北两山相离十馀步，中隔山水小河一道，离堡城三十步。窑口东南有西庵小庙一所，俱已崩塌。复咨询舆情，其郭谷一镇，向来人多殷实，户有盖藏。自卫、张二姓攻凿窑口以来，迄今十数年间，日见消乏，总由地脉伤损。况开采年久，山谷空虚，有碍居民庐舍，自应严行封禁。再卫、张本非安静之人，该镇居民畏其恃矜生事，是以任其攻凿，今则有碍居民庐舍。陈观化等事出不得已，故连名上控。查讯之下，卫姓亦俯首无辞，情愿封窑，并出具切实甘结，遵依送案，应请免议。兹奉宪批，拟合将勘讯封禁缘由粘连原奉批词，绘图贴说，一并具详。奉特授山西泽州府正堂纪录三次王批，卫姓等所开窑口，既于郭谷一镇地脉伤损，且有碍居民庐舍，自当分别利害轻重，早为封禁。乃恃矜势，任意开采，及经陈观化等赴府具控，本府饬县勘讯，甫行停窑请息，已有不合。今于批结后，胆敢牵砌多人，复行翻牍，殊属可恶。本应革究，姑念俯首无辞，从宽销案。如再恃符滋事，即行详究毋违。缴。阖镇士民，虑其有关庐舍坟墓，诚恐世远年湮，再有趋利之徒复蹈前辙，恳请准照勒石。蒙县批准，勒石永禁。仍照刷碑文送候备案。今理合抄录详案宪批，刻石永禁，以垂久远云。

阖镇士民

陈观化　王云骧　张遵道
张　烈　陈汝枢　范　均
范大宗　裴思铭　翟　玑
陈景尧　张　垲　王金玮
张汉舒　张国模　陈师关
陈名俭　张世栋　张增祺
陈绍宗　陈象雍　陈　墉
窦　兰　董　振　卢俞飏
吴　傅　原纶赐　赵之兰
张　辉　王廷墉　张增佑

蔡承文　陈沛文　卢志学
韩正宗　周天申　张之愫
张　达　延绍先　王作哲
王好善　王　普　赵梦熊
郭金梁　张　玉　任三杰
张　瑕　张　洽　韩景元
李秉敬　常春林　裴鸿义
霍　兴　李永锡　裴思谦
杨　进　张永绍　陈　瑞
裴　荣　郭金福　范　雷

王家才　申　玉　王世全
张　义　王　申　王正乾
张广荣　苏法隆

乡地
张　佩　王贻植　陈朝钦
范进财　仝立石

乾隆二十九年秋月

【附录4】

《重修石闸碑记》

城之东南，旧有护城石闸。连闸近城之处，有大王庙一所。庙虽不大，而望之俨然，实一城之保障也。石闸屡坏屡修，不知凡经几次。民国二十一年夏，淫雨为灾，石闸与大王庙并随水去。河身陷落至一丈数尺之深，城悬高际，势将倾圮。欲修复之，顾需费既多，村人又穷苦无力。时经一载有馀，河身陷落愈甚。于是卫君树模、赵君鼎升、郭君建铭等，召集村人之能直接或间接助力以推进工事者二十人，议定凡被召集者皆作为发起人。先由发起人量力认捐，着手进行；再印捐启，向各界友好募捐，以竟全功。计发起人共认捐洋六十四元五角、又钱拾千文；向各界友好共募捐洋贰百叁拾贰元陆角。村人义务服役者先后共壹千二百九十工；社会作工壹千四百八十个。本城花户认捐洋拾元零九角。自民国二十三年至民国二十五年，计修复石闸二个，大王庙一所，护城石坝二十丈，补修东城门楼一处。兹将捐款人姓名、捐数开列于后，以彰善举，并劝后人。谨叙其概略如此。

中华民国二十五年清和月之吉日

本镇　卫叶正撰　范鉴

塘书　郭忠喜刻石

【附录5】

《重修汤帝庙舞楼记》

承直郎协理□□□□□□□□□

文林郎河南□□□□□□□

儒学廪膳生员□□□□

郭谷镇之西南隅，地势峻而风脉甚劲，□□□□□□□□□□ □□□□□□□□火于嘉靖岁之壬寅，庙宇廊庑，一时燎延殆尽，几燔及居民。已而□□□□□□□□□□□□诣而祝曰：民所崇神将依之矣。庙成，岁时樽俎宴豆，神亦惟大庇庥我民以福。□□□□□□□□□□□□□□□无及舞楼，屈于力之未赡而遂已也。然庙之基趾高于路，往来过者扬□□□□□□□□□□□□□□□迈月征几三十年，未有理者。余往时家居，与一二同志游于斯，喟然曰：□□□□□□□□□□□□□□乡人约有弗率于法，可惩者令罚金若干，输之庙，不可乎？不则呈官□□□□□□□□□□□□□之馀，又喜此举也，为惩劝人心之一助云。以所得金未给用，复敛其金□□□□□□□□□□□□□□终不可已。古者诸侯设屏以蔽内外，顾神之尊可亵侮如此乎？识之。用和子诺，谋诸社，社即□□□□□乡令咸出所有以供用。然人情思奋既久，闻斯举，若渊溃而趋至焉。凡所谓□□□□□□□□□□□□□森然，心怵然，恍若神临其上，而不觉起敬且畏志。夫以一楼成而神益尊，而□□□□□□□□□□□□□儿用和作，众复同余儿用昌继完之。工始于万历六年正月初一日，落成于次年四月二十八日。社属余志之。余睹若废起，慨然以思。夫世之纷庞，孰可继也，夫方庙之始焚也，□□不有余十年鼓舞之，则此楼几为废址矣。夫神之尊也，其诞百嘉于民，以应天之休也，因不以人之崇替□□□□□□□□□□□□之福也哉。然则斯庙也，成而毁于火，毁而复成，益壮观于未火，非数与！非数与！

大明万历九年十月吉日刘养正

张盛基 仝立

大清顺治九年八月初一日重修。

本庙旧碑损坏，因□□□

【附录6】

《邑侯大梁都老爷利民惠政碑》

按县东乡镇名郭谷者，盖因里成镇，镇以里名也。镇成，而凡所托处者，率致富厚，里人实贫，四散他所。人见城垣完固，栋宇壮丽，辄谓富饶甲诸镇，以空名而受实害，不知镇非穷镇，里实穷里。今且镇虽不穷于皮而穷于腹里，里人更甚，私计不赡，国赋难办，茕茕里甲，非死即徙，势且同归于尽也。惟县主都老父师老爷洞见疾苦，有可以利吾里人者，靡不欲拯溺救焚而急焉为之所。于是本里绅衿里甲仰体斯惠，相本里之美利可因者莫如斗行一事，急行呈请，即蒙锐意举行。方及三月，而鼎镬之徒复欲狡谋由旧，以撼成议于仍。持正论而卒不以私废公，此仁慈出于明断，岂止一时之里甲蒙恩，且令宛从者□而生□□朝廷留亿万载供赋之地，其所开岂□鲜哉！夫铭以口何□镌之石，行使百之下者咋蔽芾而心铭之，并以俟后之来继，我□后者以为加□与除之，勒于石，为记。

阳城县正堂都为晓谕事：据郭谷里绅衿里甲呈状，为本里白米、杂粮斗行积弊相沿，久被强占，卖贩居民，两受其困。且本里里甲之苦，受多烦多，残不堪命。公诣将本里白米杂粮斗行统归见年里长轮应，以苏里役之苦。花户之帮贴永行禁绝。本县阅其呈状条陈，苏里甲以办钱粮，在官在民，殊为两便，相状如议准行。但恐既应之后，复踵前辙，□民交病，有使司市之宜；又恐不法之徒，挟私隐恨，妄生事端，仍行肆害，合行出示晓谕。为此，示即郭谷镇居民人等知悉，嗣后一应粜籴杂粮，因时定价，交易两平。斗严抄勺，无容高下其手；戥析分毫，不得轻重其权。勿多增价值，而病在土著之民；勿巧取牙用，而病在负贩之子。至□旧牙豪棍，亦不得借端生事，阻挠官行。如有前项等弊，许该年乡地里甲即行赴里，以凭尽法究处施行，决不姑息。为此出示须至告示者。

康熙十七年七月初七日

时大清康熙岁次戊午十一月吉日

【附录7】

《城窑公约》

谛观久安之利大矣哉，然而非易事也。不明其害，不能安其利；不防其所以害，亦不能久享其利也。本镇之城，由无而有，由卑而高，其图安之计，无不至矣。然一时之利小，万世之安大。何以使有基勿坏乎？非勤为修葺之不可。修葺而尽出于捐输，恐又不能。首事者当筑城时，相其城宜增以窑座，一便于居，一便于守。窑凡叁层，共计陆百零玖眼半。积其所入之租，佐修葺守门等费，可不劳持钵而久安之利或庶几焉。诚恐人心叵测，事久多变，或抗租不与，或拖欠不完，或霸窑为己物，其有害于城与守者非浅小也。欲同享久安之利，岂可得哉？因勒款于左，以冀后之人相传勿替云。计开：

——东面大窑共肆拾捌号计柒拾柒眼半；

中窑共叁拾柒号计伍拾捌眼半。

——西面大窑共肆拾肆号计陆拾眼半；

中窑共叁拾柒号计柒拾肆眼，内除上王家自修贰眼（俱坐落西城北角）；

小窑共伍拾伍号计捌拾伍眼，内除上王家自修贰眼。

——南面大窑共肆拾号计柒拾陆眼半；

中窑共叁拾叁号计陆拾柒眼；

小窑共壹拾柒号计叁拾贰眼半。

——北面大窑共叁拾肆号计肆拾伍眼，内除上王家自修柒眼(俱坐落北城西角)；

中窑共壹拾伍号计贰拾叁眼，内除上王家自修柒眼，小窑共肆号计拾眼。

——租有定额。大窑每眼银伍钱，放草加银壶钱。中窑每眼银叁钱。

小窑每眼银壹钱。其中有大者量增，小者量减。

——租银按四季交完，如过季不完者即令移去；有倚强不去者罚银贰两。

——本人住窑，即写本人赁券，不许替人包揽，收租入己；违者罚银伍两。

——窑止许住人放物，不许喂牲口作践；违者罚银伍两。

——窑止许出租赁住，不许霸为己物；违者阖镇鸣鼓而攻。

——遇有空窑，不写赁券而私自住居放物者，罚银伍两。

——各面派收租二人，务要将各面租银定数照四季收完；有短数不完者除令赔佃外，仍罚银贰两。

——派总收四面租银二人，务要照各面银数按季收积，以候社中取用，差遗者除令赔补外，仍罚银叁两。

——派查算四面租银二人，务要按季催督，勿令收租者怠玩，使成积弊；如不催督，罚银贰两。

——各面城楼俱设锁钥，付总城长管理。即托附近住窑者照看锁钥、疏通水道，果实勤劳，窑租量减，失误者重罚。

——私开城上门锁者，以贼盗论罪。

——城上晒酒糟者，罚银壹两。

——城楼窝铺俱有药器，

不许在内赌博、放草，恐惹火烛；违者罚银叁两。

——违犯条约，强梁不服者，阖城鸣之于官，以法惩治。

——西水门内南房贰间，付与守门人居住，即作工食，不出租银。其房后楼坑厕壹所，即托管窑者卖粪入社，每年得钱若干，即登南面窑租账内。又坑厕旁空地基壹块。

——西水门外买到段家等房，拆毁人社。遗留地基贰处，一坐落段上金住房东旁，其东至段上金，西至段上金，南至道，北东至城根，北西至张府。道南坑厕壹所，碾磨井各一分，坐落段上金住居西北，长伍丈叁尺，阔壹丈肆尺，东至韩安，西至张府，南至段上金，北至张府。施入大庙，永远为业，诸人不许侵占。

——南城东角水道，派一附近住窑者管理疏通，准算租银叁钱。北城西北角向外展叁丈，长拾叁丈伍尺，创修城楼一座，上下拾伍间，修窑上下相连拾肆眼。又西城北角修下节坑厕窑壹眼，贰节窑贰眼，坑厕窑壹眼，叁节窑贰眼，地基俱系上王家原业，自备砖瓦木石工价，共使银壹千壹百叁拾壹两陆钱肆分叁厘。公同议过，城楼上入社，其馀自修大小窑座，俱是上王家之业。外有靠城新修楼房壹座，与崇祯八年初修城时，于北城门东修靠城叁节楼壹座，俱系上王家地基，上王家自备费用，与社无干。

顺治十二年十一月吉日阖社公议立石

再版后记

关于郭峪村的乡土建筑研究，有一件事还要多写几句。1997年深秋，我们第一次在阳城的考察结束之后，到晋城火车站准备买票回北京。正在为找不到掌管卧铺票的人而着急，忽然肩膀上被人一拍。猛回头，一个方面大耳的红脸汉子向我们忠厚地笑着，旁边还有一位满头白发的干部模样的人。汉子讷讷地说，他是郭峪村的总支书记，叫苗坤正，另一位是晋城市委宣传部长柏扶疏。苗书记头天进城开会，没有碰到我们，回村听说有我们这么几个人来过，便赶紧追来，居然在乱哄哄的火车站里把从来没有见过面的我们认出来了。于是我们一起到了柏部长家里。之后就只有柏部长说话，苗书记静静地坐在一边，显然他们早就把一切都商量透了。

原来，郭峪村现在比较富裕，因为地下有质量很好的煤。但是，煤是会挖光的，到那时候怎么办？当地土薄天旱，仅靠农业可不行。身为书记，苗坤正不能不早早考虑这件事。他想下两步棋，第一步是振兴教育，子弟们文化水平大大提高了，人才多了，这就有了根本的发展动力。这一步已经走了，他从城里请回来了有经验的校长，花了150万元，拨地20多亩，建起了4700平方米的校舍，买了8万多元的教学设备。第二步棋，是利用郭峪村的古建筑，把它们好好保护、

恰逢正月十五，清华大学师生与郭峪村干部苗坤正、刘天正一同参加北留镇的闹社火
前排左起：胡明、李秋香、唐钧、陈寒凝、关磊、周宇平、邓旻衢
后排左起：傅昕、尚世睿、陈志华、楼庆西、苗坤正、李永强、刘天正

好好维修，开展旅游业。这一步也开始了，1995年出版的《郭峪村志》就是他1992年找人编写的。所以一听说有几个对古建筑有兴趣的人到郭峪村来过，便立即追了过来。

那次，我们只是粗粗看了一遍郭峪村，没有全面地了解，又不知道这里开展旅游业的可行性怎么样，加上一向不愿意说大话、空话、点头许愿，所以不敢多说什么，只说了些未来要发展旅游，古建筑要保护等等大概念的话，到底怎么做要回去研究研究。苗书记和柏部长显然不太满意，我们回到北京之后不久，他们也跟脚来到，提出要以郭峪村的名义邀集北京的全国最权威的专家学者开一个论谈会，给郭峪村的古建筑一个明确的评价。这可是一个空前未有的大胆的设想。要把这几位七老八十的专家学者会齐本来就不容易，何况以一个没有一点点名气的小小村子的名义。但他们决心下定，凭着一股韧劲，一个个地前去拜访。想不到专家学者们竟都被这件奇事、这几位奇人感动了，他们在其事其人上看到自己奋斗了一辈子的事业的新希望。一个多月以后，会开了，放了郭峪村、黄城和砥洎三村的录像，专家学者们评价很高，还兴致勃勃地表示要去现场看一看。

我们本来希望，相距不过半公里的郭峪村和黄城两村能联合起来，保护古村落，开发旅游，做统一的规划，并不断地建

孩子长到13岁时，要举行圆辫仪式，这是奶奶在给孙子做圆辫的准备

议、劝说。但是，有人执意要自己单干，我们只得在1998年夏天接受了苗书记的邀请，去做郭峪村乡土建筑研究和保护规划。1999年3月底，也就是第二年一开春就去了。那天正是农历正月十五，我们在凌晨三点钟到晋城，四点钟到村里，稍一休息，就参加了北留镇各村的社火仪式。郭峪村的军乐队和民乐队浩浩荡荡在北留街上游行，很神气。晚上，我们在村里逛灯，看"老火"。"老火"是家家户户在宅院前烧着的煤火，煤堆可垒成狮、虎、"利市王"等形状，是当地元宵节特有的风俗。民国二十三年《山西省阳城县乡土志》载："上元设脯糕果醴，悬灯于门外，列炉焰，名曰人火。有范土像人物者，中空，吐焰，光彩腾灼，鼓吹喧阗，士女踏灯嬉游。丙夜即曲坊隘巷亦暖如春。融溶铁汁高洒，散星点成虹，迸落空中。火树银花，炫照都市。自十四日起曰试灯，至十六日止。""人火"现在叫"老火"，"鼓吹"已经现代化了。可惜没有了铁花飞溅的壮丽场景。

秋天，我们第二次到郭峪村继续工作。玉米刚刚收完，满村金黄，连山墙尖上都挂着一排排的玉米穗。柿子还吊在树上，刚刚转红，有的已经甜得像蜜。前后两次工作期间，乡亲们和我们十分亲切地合作。老年人有问必答，中年人把藏下来的汤帝庙大匾拿出来给我们拍照，大嫂们见我们趴在地上抄铺了台阶的残碑，赶忙烙麦饼，我们一面抄，她们一面往我们嘴里喂。我们的工作进行得很愉快。

结束了在郭峪村的工作之后，我们到阳城县的黄城村、砥洎村、尧沟村、上庄、中庄、下庄和西封村以及沁水县的上郭壁、下郭壁考察了一遍。那些一个个紧挨着的村子个个都是乡土建筑的宝库，个个都有自己的特色，个个都有研究和保护的价值。如果能把它们放在一起来做个更大范围的研究，做个统一的保护和开发规划，通盘地组织它们的旅游事业，那么，那一块地方可真是宝地，前景会比只着眼于个别村落好得多。

但我们对这一点无能为力。苗书记和柏部长也无能为力。我们希望地位远高于苗书记和柏部长的人能认真地考虑这些事，抢在一大批多么珍贵的古村落彻底毁灭之前做出英明的决策。

这次郭峪村的研究，由李秋香调研并撰写全文，拍摄照片，陈志华审阅修改，楼庆西拍摄照片并指导学生。参加工作的学生有邓曼衢、傅昕、关磊、李永强、唐钧、陈寒凝、周宇平和尚世睿。2001年1月，《郭峪村》中国乡土建筑系列丛书出版，印数仅两千册，没几年便售空。近十几年，郭峪村对村落环境进行了大大的整治和修缮，周围山上苗书记当年带领村人种植的树木，至今已是绿满樊山，生机盎然。村内的老房子、老城墙、城门也逐渐地得到修缮保护，有些部分损坏的还进行了复原，旅游业也日渐兴盛。也许再过若干年，它将成为郭峪村发展的经济支柱之一，苗书记和柏部长当年发展旅游的设想真的要实现了。

旅游因深厚的文化底蕴，可以越走越远，越走越好，于是再版《郭峪村》一书就提到议事日程上来了。

1999年出版的书距今已18年之久，当时书中所用照片都是黑白或彩色胶片，找出来后，发现不少照片已偏色，大量底片上出现斑点，再次扫描出的效果很差。正巧，湖南摄影师林安权先生对郭峪村很有兴趣，2016年专程到郭峪村进行了拍摄，我们借以替换掉部分偏色的底片，同时又在原基础上，略增补了一些新拍的照片，目的是使整本书更丰富也更易普及。

李秋香

2017年7月

作者简介

李秋香，清华大学建筑学院高级工程师，1989 年起从事乡土建筑的研究及传统村落的保护工作。主要专著有《新叶村》《中国村居》《石桥村》《丁村乡土建筑》《闽西客家古村落——培田》《川南古镇——尧坝场》《高椅村》《郭峪村》《流坑村》《十里铺》等，主编乡土瑰宝系列书籍《宗祠》、《庙宇》、《文教建筑》、《住宅》（上、下）和《村落》等。